光 催 化 鼻 祖 权 威 揭 秘

光触媒のすべて

光催化大全

从基础到应用图解

（日）藤岛昭（藤嶋昭） 著
上官文峰 译

化学工业出版社

·北京·

《光催化大全——从基础到应用图解》是被誉为光催化鼻祖、光催化大师的国际著名学者——藤岛昭（Akira Fujishima）教授的最新著作。本书对光催化自发现以来数十年间取得的系列成果进行了精辟概括，概述了光催化在空气净化、污水处理、自清洁、杀菌防腐、太阳能制氢等领域的应用情况和技术原理。此外，作者将自己多年的科学研究方法、研究思维、心得体会等娓娓道来。在藤岛昭教授的眼里，科学研究不仅仅是对自然规律的客观描述，更是充满人文气息和生活温度的科学之旅。

全书文笔凝练、图文并茂、排版生动、可读性强，集学术性、技术性和科普性于一体，适合相关专业人员以及大中学生阅读，也是一本为新学科、新技术好奇者准备的入门书。

DAIICHININSHA GA AKASU HIKARISHOKUBAI NO SUBETE
By AKIRA FUJISHIMA
Copyright © 2017 AKIRA FUJISHIMA
Simplified Chinese translation copyright © 2019 by Chemical Industry Press
All rights reserved.
Original Japanese language edition published by Diamond, Inc.
Simplified Chinese translation rights arranged with Diamond, Inc.
Through BARDON-CHINESE MEDIA AGENCY.
本书中文简体字版由 Diamond, Inc. 授权化学工业出版社有限公司独家出版发行。
本版本仅限在中国内地（不包括中国台湾地区和香港、澳门特别行政区）销售，不得销往中国以外的其他地区。未经许可，不得以任何方式复制或抄袭本书的任何部分，违者必究。
北京市版权局著作权合同登记号：01-2019-1046

图书在版编目（CIP）数据

光催化大全：从基础到应用图解/（日）藤岛昭著；
上官文峰译．—北京：化学工业出版社，2019.6（2020.9重印）
ISBN 978-7-122-34062-7

Ⅰ.①光… Ⅱ.①藤… ②上… Ⅲ.①光催化
Ⅳ.①O644.11

中国版本图书馆 CIP 数据核字（2019）第 044747 号

责任编辑：王海燕　姚晓敏　窦　臻　　装帧设计：刘丽华
责任校对：张雨彤

出版发行：化学工业出版社（北京市东城区青年湖南街13号　邮政编码100011）
印　　刷：三河市航远印刷有限公司
装　　订：三河市宇新装订厂
880mm×1230mm　1/32　印张 8　字数 192 千字　2020 年 9 月北京第 1 版第 2 次印刷

购书咨询：010-64518888　　售后服务：010-64518899
网　　址：http://www.cip.com.cn
凡购买本书，如有缺损质量问题，本社销售中心负责调换。

定　价：58.00元　　　　　　　　　　　　　　　版权所有　违者必究

前言

光催化清洁技术的发展已经日趋成熟。东海道山阳新干线希望号上的光催化空气净化器、成田国际机场的光催化屋顶帐篷、丸之内大楼（丸大厦）的光催化瓷砖，以及最近日光东照宫的油漆喷涂项目和光催化灭蚊器等家庭住宅方面的应用，都标志着日本原创的光催化清洁技术是值得在全世界夸耀的。

我的光催化研究，自1967年发现"本多-藤岛效应"，到今年（2017年）正好整整50年了。

当时，光催化实验用的基础材料氧化钛（TiO_2）在水中受到光照后，我意外发现水被分解产生了氧气，之后所发生的一切也都从那里开始。

对我们人类来说，最重要的化学反应是光合作用（太阳光照在植物叶片上发生的反应）。当时，我也突然灵光一现：莫非像植物光合作用中树叶的叶绿素那样，所用的氧化钛在这里也发挥着同样的作用？

那份感动，真是无以言表。

接着，我将这一发现写成论文《太阳光下水分解成氢气和氧气》发表在英国的学术期刊《自然》上。运气很好，引起了世界的瞩目。1974年元旦的《朝日新闻》在头版以"太阳，梦想的燃料"为标题，用一个版面对该研究作了介绍。

从那以后，因为"氧化钛的光催化反应的发现"我获得了多种奖励。其中，2012年获得了"汤姆森路透引文桂冠奖"，2017年获得了日本"文化勋章"。

我认为，研究最重要的是真实。不管谁做都能看到效果，只有自己可以自信地向别人推荐的技术才能生存下去。而且不仅仅只停留在理论阶段，更重要的是人们在日常生活中也可以用到，这样的研究才有意义。

现在，全世界使用氧化钛的人工光合成研究如火如荼。但到目前为止，我的研究方向已转移到利用光照射后氧化钛表面所产生的一些独特性能上，诸如很强的氧化分解能力以及对水具有很强亲水能力的"超亲水效果"等。

日本借2020年东京奥运会和国际残疾人运动会的契机，提出了"环境立国"的目标，利用光催化技术的新产品的研发正急速地展开。

值此本书出版之际，我以图解的形式将光催化从基础到最新事例进行了完整的归纳总结。与其说是一本书，不如说是我人生的集大成之作。

本书写作过程中得到了菱沼光代、东京理科大学的角田胜则、铃木孝宗、伊藤真纪子、宫本崇、木村茧子、寺岛千晶、中田一弥等人的大力协助，感谢神奈川县立产业技术综合研究所的落合刚先生，以及钻石出版社寺田庸二先生，在此对他们的热情帮助表示衷心的感谢。

2017年11月吉日

藤岛　昭

目录

第1章
为什么光催化的应用范围在持续扩展？ 1

1.1 光催化的广泛应用 2
光催化应用的无限可能性引起广泛的关注 2
以光催化国际研究中心为平台 3
利用光催化抗霉菌取得效果的
"日光东照宫的油漆工程" 5
日本特有的漆器也利用了光催化技术 7

1.2 光催化在医疗领域的应用 9
利用光催化技术的手术室每年有数百间 9
对癌症和手足口病也有一定疗效 11
世界首例预防食物中毒的应用和"光催化灭蚊器" 13
预防才是最好的治疗！
漂白剂及牙根种植体也用上了光催化 14

1.3 光催化在农业和生物学领域的应用 16
农业生产的高效率和低成本 16
将太阳光引入室内 18
光导管（液体光导管） 18
可生成用于预防龋齿及抗癌的"稀少糖" 20

1.4 光催化在提高生活质量方面的应用 ········· 22
宾馆、医院、护理机构、保育院、二手车等行业
　　使用的可见光高灵敏度光催化剂发展迅速 ········· 22
光催化在预防花粉症口罩、抗菌圆珠笔、
　　地毯等商品上的使用也很普及 ········· 23
利用希拉斯火山灰制作防污涂层 ········· 25
从 2020 年东京奥运会到宇宙开发 ········· 26
[作者纵谈] 光催化，终于登上了检定教科书！········· 30

第 2 章
在建筑物和高楼上使用光催化大受欢迎的原因 ········· 31

2.1 建筑物外墙上采用不易脏的光催化瓷砖已成新常识 ········· 32
丸大厦成为日本第一个使用光催化瓷砖的高层建筑！
　　带动了 1000 亿日元的市场 ········· 32
光催化瓷砖创造了住宅的美观 ········· 34
光催化瓷砖的住宅可去除 NO_x ········· 36

2.2 活跃在高楼、工厂、教堂外墙的建材、装饰材料 ········· 38
TOTO 公司将日本的原创技术传播到世界 ········· 38
空气净化能力相当于 2000 棵白杨树的丰田工厂 ········· 39
笔者私宅、岐阜大学、德国、中国、意大利
　　光催化随处可寻 ········· 39
既美观又降低了清洁成本的铝材 ········· 41
无需清洁维护的眼镜店广告牌 ········· 41

2.3 提升了帐篷膜材功能的光催化帐篷 ... 43
制造了东京巨蛋帐篷膜材的公司 ... 43
"四大特点"和网球场、足球场、棒球练习场 ... 44
八重洲出口的光之帆大屋顶、达拉斯 10 万人体育馆
　帐篷膜材在世界各地大显身手 ... 45
胡夫金字塔也用上了光催化！ ... 48

2.4 不易脏、不起雾的玻璃让您始终视野清晰 ... 50
节水成功的中部国际机场和东京理科大学
　不起雾的玻璃 ... 50
卢浮宫美术馆和学校等也使用光催化
　自清洁钢化玻璃 ... 52

2.5 活跃于室内的可见光型光催化 ... 56
"可见光响应型"光催化在内装玻璃上的应用 ... 56
世界首例！日本制造抗菌、抗病毒玻璃 ... 56
抗病毒窗帘、高附加值壁纸、百叶窗 ... 58
可净化室内空气的光催化空气净化器 ... 59
TOTO 公司和笔者合作解决厕所问题的缘由 ... 61
光催化除菌消臭器"LUMINEO" ... 62

[作者纵谈] 朝着"3F"努力！ ... 65

第 3 章
在机场和新干线等场所如何普及光催化技术？ ... 67

3.1 活跃在机场、空运货物等航空场所的光催化 ... 68
中部国际机场内 17000m² 的玻璃上
　采用了光催化技术 ... 68

抗流感病毒有效果 ·················· 70
　　世界首例光催化用于航空运输 ············ 71
3.2 **活跃在新干线等铁路系统的光催化** ········· 72
　　什么是陶瓷光催化过滤器 ·············· 72
　　活跃在"希望号 N700 系"吸烟室内的
　　　　光催化空气净化器 ··············· 72
　　站台屋顶和白色帐篷 ················ 74
　　"光催化涂料"使车站变美 ············· 75
　　用于车站内的厕所 ················· 76
3.3 **光催化让路面和道路周边干净整洁** ········· 77
　　提高排水效果的高性能铺装道路 ··········· 77
　　净化路面空气的道路光清洁施工法 ·········· 77
　　无需特别维护管理的 NO_x 削减法 ·········· 78
　　避免隧道拥堵，安装光催化隧道照明器具 ······· 79
　　对公路两侧的遮音壁、道路标识、
　　　　广告牌等大有用武之地 ············· 80
　　"桥梁膜材施工"使高架桥下变成明亮
　　　　欢快的休闲场所 ··············· 81
　　"桥梁膜材施工"的 3 大优势 ············ 82
　　光催化车门后视镜已成丰田高级车的标配 ······· 84
　　[作者纵谈] 读书是最好的灵感之源 ········· 85

第 4 章

光催化的 6 大功能及其
日常系列产品 ···················· 87

4.1 **光催化的 6 大功能是什么?** ············ 88
　　氧化分解能力和超亲水性 ·············· 88

　　　　光催化的 6 大功能和转折点 ·················· 89
　　　　世界首例用于普通住宅——笔者私宅的光催化外墙! ··· 91

4.2　**6 大功能之❶　抗菌、抗病毒效果** ················· 92
　　　　耐药性细菌急增、持续高涨的病毒感染症威胁 ······· 92
　　　　既可抗细菌病毒又能分解去除有机挥发物 ··········· 93
　　　　防污、灭菌、防臭效果超群的光催化瓷砖 ··········· 96
　　　　可见光就 OK！强抗病毒的光催化玻璃 ············· 97
　　　　在新千岁机场、内排国际机场大显身手的
　　　　　"光催化薄膜" ································· 98
　　　　可见光响应型粉末浆料 LUMI-RESH™ 及认证制度 ···· 99
　　　　三维网状结构的陶瓷片和空中浮游菌去除装置 ······ 100
　　　　不发生二次感染是最大优点 ······················ 101

4.3　**6 大功能之❷　受哥白尼式转折启发**
　　　诞生的除臭效果 ································· 103
　　　　为什么氧化钛不能分解大量的物质？ ·············· 103
　　　　以微量的物质为目标——哥白尼式转折点 ·········· 104
　　　　延伸到纸、纤维制品、空气净化器的缘由 ·········· 106
　　　　过滤器和光源组合而成的大型光催化除臭装置 ······ 107

4.4　**6 大功能之❸　玻璃和镜子的表面不易**
　　　起雾的防雾效果 ································· 109
　　　　何谓光催化的超亲水现象？ ······················ 109
　　　　水的接触角以及亲水性 ·························· 110
　　　　超亲水性就是接触角几乎为零 ···················· 111
　　　　不易起雾、不易脏的超亲水性和氧化分解能力的
　　　　　合力并举 ···································· 112
　　　　汽车的车门后视镜和保命的弯道凸面镜
　　　　　（道路反射镜） ································ 113

4.5　6大功能之❹　通过自清洁达到防污效果 ……… 115
　　来访者突破 10 万人的光催化博物馆 ……………… 115
　　对"魔法实验"将信将疑和"氢博士"的秘密 ……… 116
　　超亲水性实验，体验"光和水之美" ……………… 117
　　反向思维将"失败"变为可用 …………………… 118
　　利用双重自清洁效果降低成本！
　　　　进军 1000 亿日元的市场 …………………… 119

4.6　6大功能之❺　光催化的水净化效果 ………… 121
　　地球上的淡水资源很有限 ………………………… 121
　　不增加成本又安全的土壤地下水净化系统 ……… 122
　　70 多座 ADEKA 公司综合设备的解决方案 ……… 123
　　军团杆菌和二噁英统统分解！环保的净水装置 … 125
　　利用太阳光处理农业废液！
　　　　水稻耕作和番茄栽培也进入光催化时代 …… 126
　　有机物去除率几乎 100％，收获与过去同等
　　　　程度的番茄 ………………………………… 127
　　解决鱼市上的"光复活现象"难题
　　　　获得安全洁净的海水 ……………………… 129

4.7　6大功能之❻　光催化的空气净化效果 ……… 130
　　让古罗马帝国的塞内加也苦恼的空气污染问题 … 130
　　既能去除 NO_x 又能大幅降低成本的
　　　　划时代的系统是什么？ …………………… 130
　　[作者纵谈] 为什么说蒲公英是农夫的时钟 …… 133

第 5 章

人工光合作用的最新常识 …………… 135

5.1 资源、能源、环境问题和光合作用机理 ············ 136
　什么是叶绿素的"Z 型反应" ·················· 136
　化石燃料存在的两大问题 ···················· 137

5.2 光解水发现的震撼和光催化的诞生 ············ 140
　50 年前成功实验"光增强电解氧化"的原理 ·········· 140
　光解水发现之前的相关科学史 ················· 141
　Nature 上发表论文的缘由 ··················· 144
　1974 年元旦的《朝日新闻》头版、"朝日奖"、
　　"汤姆森路透引文桂冠奖" ·················· 145
　光催化剂的定义 ······················· 147
　发现氧化钛光催化制氢的局限性 ················ 148

5.3 迅速发展的人工光合作用的最新动向 ············ 151
　太阳能电池和水的电解混合系统 ················ 151
　引人瞩目的金属氧化物材料 ·················· 152
　可见光也可以使水完全分解！
　　单一体系和 Z 型体系 ···················· 153
　日本引领二氧化碳的还原和资源化 ··············· 154
　从大自然中学习，拓宽视野找到最优解 ············· 155
　[作者纵谈] 汤姆森路透引文桂冠奖及论文被引用次数 ······ 156

第 6 章

反应机理和光 ·· 159

6.1 光催化反应的两大主角 ················· 160
　氧化钛的使用量反映一国的文化水准 ·············· 160
　氧化钛的制作方法 ······················ 162
　硫酸法和氯气法的原理 ···················· 163

光催化的氧化钛是锐钛矿型 ·························· 164
　　　有效利用近紫外线是个打破常规的思路 ·············· 166

6.2　氧化钛是半导体的一种　169
　　　什么是半导体 ·· 169
　　　本征半导体和杂质半导体 ···························· 170
　　　氧化钛是具有光活性的 n 型半导体 ·················· 171

6.3　氧化钛的能带结构和光照效果　172
　　　半导体的能带结构 ···································· 172
　　　禁带宽度和带隙能量 ································· 173
　　　影响光催化反应的三个因素 ························· 174

6.4　氧化钛的结晶形态和光催化活性　176
　　　氧化钛是如何被发现的 ······························ 176
　　　金红石型和锐钛矿型的禁带宽度 ··················· 177
　　　锐钛矿型具有更高光催化活性的原因 ··············· 177

6.5　氧化钛光催化可利用光的波长　179
　　　什么是可见光、紫外线、红外线 ··················· 179
　　　氧化钛的独特性和普及推广的理由 ················· 180

6.6　强氧化分解和还原的原理　182
　　　氧化钛表面到底发生了什么 ························· 182
　　　氧化分解的原理 ······································ 182
　　　还原的原理 ··· 184

6.7　为什么会产生超亲水现象？　185
　　　亲水性和憎水性的区别 ······························ 185
　　　氧化钛表面的结构变化引起关注 ··················· 186

6.8　不易脏和不起雾的作用机制有什么不同　187
　　　防污效果的光界面反应和防雾效果的

　　　　光固体表面反应 ………………………………………… 187
　　　　自清洁是 2 个反应的合力作用 ………………………… 188

6.9　光催化具有多功能性的原因 ……………………………… 190
　　　　为什么多个行业接连进入？ ………………………………… 190
　　　　"本多-藤岛效应"延伸而来的 3 个研究方向 …………… 190
　　　　[作者纵谈] 外出讲课给孩子们传授科学的趣味性 ……… 192

第 7 章

光催化剂的合成方法 …………………………………… 193

7.1　光催化剂的形态 …………………………………………… 194
　　　　氧化钛溶胶、钛醇盐、氧化钛涂料 ……………………… 194

7.2　如何活用两种表面涂装工艺 ……………………………… 196
　　　　湿法工艺和干法工艺 ……………………………………… 196
　　　　涂层工艺的选择要点 ……………………………………… 197

7.3　涂层的核心在于黏结层 …………………………………… 200
　　　　利于保护光催化反应的二氧化硅中间层 ………………… 200
　　　　防止基材老化、提高黏接性的梯度膜 …………………… 202

7.4　世界首块光催化瓷砖是如何做成的 ……………………… 204
　　　　最普及的光催化瓷砖 ……………………………………… 204
　　　　光催化和抗菌金属组合 …………………………………… 205
　　　　向外墙的自清洁建材延伸 ………………………………… 206

7.5　光催化玻璃、后视镜的制作 ……………………………… 208
　　　　光催化自清洁玻璃的制作 ………………………………… 208
　　　　被寄予安全驾驶厚望的"防雨车门后视镜" …………… 209

7.6　净化国际宇宙空间站的 UV-LED 光催化 ………………… 211
　　　　光源和光催化过滤器的模块化 …………………………… 212

UV-LED 助力净化国际宇宙空间站 ·········· 213
国际上快速发展的 LED ·········· 214
[作者纵谈] 伽利略、法拉第、巴斯德，向这些
伟大的先人们学什么？ ·········· 215

第 8 章

光催化技术的标准化、产品认证制度 ·········· 217

8.1 日本(JIS)和世界(ISO)试验方法的标准化 ·········· 218
JIS、ISO 等标准化的制定现状 ·········· 219
海外光催化标准化的应对 ·········· 221

8.2 建立全日本体制！光催化产品的认证制度 ·········· 222
建立和完善健全的市场机制 ·········· 222
建立认证制度促进试验方法的标准化 ·········· 222
安全标准和设置管理责任人的必要性 ·········· 225
认证流程和认证后的监督活动 ·········· 226

【参考文献】 ·········· 228

结尾——从中国古典名言中学习超越
"死亡之谷" ·········· 229

检索词 ·········· 231

第 1 章

为什么光催化的应用范围在持续扩展？

1.1 光催化的广泛应用

光催化应用的无限可能性引起广泛的关注

在人们的日常生活中，利用光催化制造的产品触手可及。光催化作为一项技术，连普通人也不再陌生了。

一种叫作氧化钛的物质在光照作用下发生反应就是光催化反应，这种光催化拥有两种特别的性质，即**超强氧化分解能力**和**超亲水性**（图 1-1）。

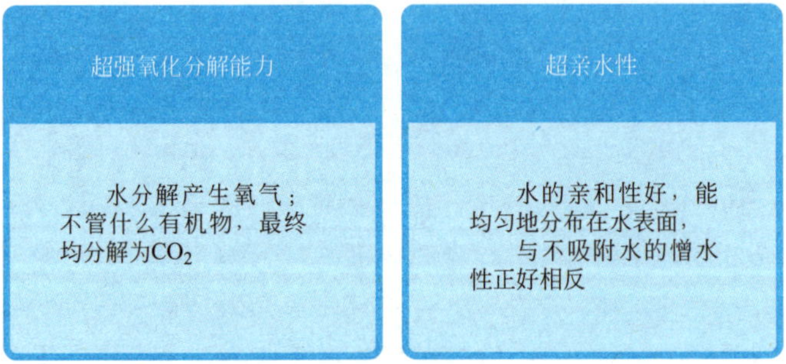

超强氧化分解能力	超亲水性
水分解产生氧气；不管什么有机物，最终均分解为CO_2	水的亲和性好，能均匀地分布在水表面，与不吸附水的憎水性正好相反

图 1-1　光催化的两大特性

光催化之所以应用范围不断扩大，以至于渗透到我们日常生活的方方面面，是因为图 1-2 中所示的，光催化发挥的极大作用。

最近 10 年，光催化技术的实际应用有了突飞猛进的发展。第 4 章 "光催化的 6 大功能及其日常系列产品"中，将专门介绍目前已普及推广的各种应用。

然而，光催化反应与植物的光合作用类似，是一种本质的、

图 1-2 光催化的主要特性

基础的反应,所以使用范围不仅仅停留在 6 大功能上,某种意义上隐藏着**无限的可能性**。

其中,如何适应时代的需求,甚至领先时代一步,为未来社会的可持续发展贡献有意义的成果,也是今后光催化研究领域的重大课题。为此,包括本人在内的众多学者已经开始了各种各样的尝试,首先还是看看最新的光催化应用领域的现状吧。

以光催化国际研究中心为平台

为了促进应用研究的进一步发展,将对光催化反应的探索作为基础科学研究的一部分,构建一个**光催化科学**(photocatalytic science)体系是很重要的。

为此,2013 年东京理科大学❶在经济产业省❷的支持下,如图 1-3 所示,在野田校区挂牌成立了"**光催化国际研究中心**

---

❶ 东京理科大学(Tokyo University of Science):一所校本部位于日本东京新宿区的私立大学,是日本科学与科技领域方面顶尖的大学之一。

❷ 经济产业省:隶属日本中央政府的直属省厅,负责提高民间经济活力,使对外经济关系顺利发展,确保经济与产业得到发展,使矿物资源及能源的供应稳定而且保持效率。

(Photocatalysis International Research Center)"。该研究中心建筑物的设计施工全部由竹中工务店完成，还获得了第20届千叶县建筑文化奖（2013年度）。

此外，该中心于2015年被认证为教育、文化、体育、科学和技术部（MEXT）的**联合研究基地**（图1-4）。

图1-3　东京理科大学光催化国际研究中心（野田校区内）

图1-4　文部科学省的共同利用·共同研究平台

在光催化领域，日本作为世界的领头羊，该研究中心集结了国内外的智慧，承担着光催化世界研究平台的职责。而且，作为基础科学和应用研究结合的成功范本，也可以向世界进行信息输出，成为和其他领域的研究者加深交流的场所。

利用光催化抗霉菌取得效果的"日光东照宫的油漆工程"

2017 年 3 月，**日光东照宫**❶的阳明门整修终于结束，这事儿一度成了人们的话题。如图 1-5 所示，日光东照宫大约建造于 400 年前，是一幢全木结构的建筑物，完整地体现了江户时代的建筑艺术形式，是宝贵的世界遗产。

资料来源：日光殿堂观光指南合作社 HP

图 1-5　日光东照宫的阳明门

由于日光的冬天经常下雨，而夏天的降雨量也很充沛，导致建筑物本体和建筑物上的雕刻都极易损伤。为了维持其良好的状态，不得不经常地反复进行处理和维修。

特别是进行过雕刻的建筑物表面，由于始终采用和江户时代同样的方法对涂料进行重复多次的涂层，因而利用天然的岩石颜料装饰彩色这一传统技艺得以流传下来。

尽管如此，通过对涂抹过涂料的建筑物表面进行观察，发现还是有多处地方长了霉，如图 1-6 所示。

---

❶ 日光东照宫：供奉日本最后一代幕府——江户幕府的开府将军德川家康的神社，建造于 1617 年，位于日本栃木县日光市。

图 1-6　日光东照宫装饰物上长的霉

要想让世界文化遗产一代一代永远流传下去,现在如果不采取一些措施怕是不行了。于是我们开始着手将**光催化的抗霉菌效果引入到文物保护**上,由此开拓了一个崭新的光催化应用领域。

首先,我们从日光东照宫装饰物长霉的油漆层表面采取了一些霉菌样本,带回实验室。第一步是对霉菌进行分类,确定属于哪一类的真菌。

到目前为止,通过研究我们已经知道真菌的种类不同,光催化灭菌的死灭速度也各不相同。东京理科大学铃木智顺研究室通过对真菌的培养和对遗传基因的解析,发现了使装饰物颜色变黑的可能性很高的真菌种类(图 1-7)。

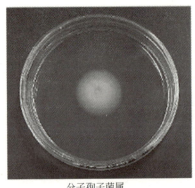
分子孢子菌属

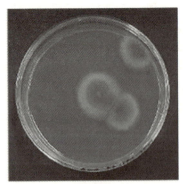
青霉属

图 1-7　使装饰物颜色变黑的可能性很高的真菌

今后，我们只需要对这些培养株进行光催化作用，应该就可以找出防止发霉的有效方法。

通过与全日本各地神社的相关人员交流，我们了解到，日本全国各地的神社也面临着建筑物长霉的严峻问题。

要想实现光催化技术在文物保护方面的应用，就有必要在涂装过油漆的木材表面，再进行一次光催化涂装，这一技术非常关键。

漆是一种以漆酚为主要成分的天然树脂涂料，黏结性很高，耐水性很好，对酸和碱的耐腐蚀性也很强，自古以来就作为涂料使用。

顺便说一下，漆的主要成分漆酚的化学结构（图 1-8），是 1918 年被称为日本有机化学之父的真岛利行博士发现的，并得到国际权威机构的认定。

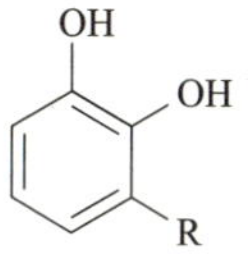

$$R = \begin{cases} -(CH_2)_{14}CH_3 \\ -(CH_2)_7CH=CH(CH_2)_5CH_3 \\ -(CH_2)_7CH=CH(CH_2)_4CH=CH_2 \\ -(CH_2)_7CH=CHCH_2CH=CHCH=CHCH_3 \\ -(CH_2)_7CH=CHCH_2CH=CHCH_2CH=CH_2 \end{cases}$$

图 1-8　漆酚的化学结构

现在，日本化学协会已将漆酚化学结构最终确定阶段所使用的臭氧发生器等认定为化学遗产。

日本特有的漆器也利用了光催化技术

漆的涂膜有着特有的优美外观，所以日本各地的传统工艺中都流行用涂漆制作高级餐具、家具和乐器等。漆器在欧美被人代称为"japan"，作为一种日本独有的工艺品而广为人知。

漆作为一种天然涂料有着优良的特质，但是也会产生一些恼人的问题，除了漆膜表层容易长霉外，受到**紫外线辐射还容易褪色**。

为了解决这些问题，我们正开发在漆上沉积透明**光催化薄膜**的技术。

将来，利用光催化的除霉效果保护文物的同时，还可以通过光催化涂装加工提高文物的价值，说不定还能制造出日本特有的漆器。

1.2 光催化在医疗领域的应用

利用光催化技术的手术室每年有数百间

抗菌瓷砖是实用化最早的光催化产品,现在又开发了面向医院用的特种大型陶瓷面砖,如图 1-9 所示,**手术室墙壁**等地方也相继用上了这种陶瓷面砖。

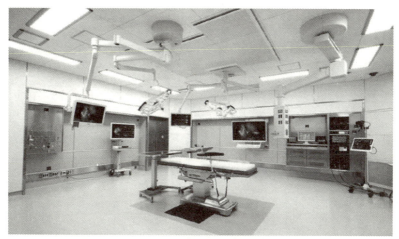

资料来源:美和医疗电机株式会社HP

图 1-9　墙壁上使用光催化瓷砖的手术室

现在,在墙壁上使用光催化面砖的手术室,**每年增加数百间**。

除了抗菌抗病毒效果持久外,光催化面砖不易脏、不怕擦,无论使用何种消毒药都不易褪色劣化。由于面砖大,减少了墙面的面砖缝隙,使得附着的细菌也减少了,深受各家医院好评。

今后，不仅手术室，医院的集中治疗室以及医院里所有需要预防感染的区域，相信都可以使用这种面砖。

在医学领域，光催化的应用研究正不断推进。例如，将光催化超亲水性的特点，运用到摩擦系数较小的导管、注射器、内视镜摄像头的防雾镜头上等等。不仅如此，为了提高防雾功能，现在还开发了一种可以定量地客观评价玻璃及镜头雾化浑浊度的装置，应用研究的实验条件正在不断得到改善。

如图 1-10 所示，这种**防雾性能评价装置**，可以将透明材料及镜头的雾化状况成像化，利用明暗、轮廓、压缩等任意一种方法进行解析后，就可以使雾化浑浊度数据化。

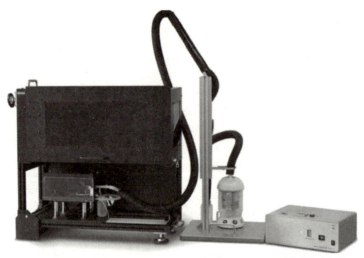

资料来源：协和界面科学株式会社HP

图 1-10　防雾性能评价装置

这种装置，不仅能够控制材料表面的温度和湿度，从超憎水性到超亲水性都可以进行定量的评价，在实时把握雾化状态的动态测试方面性能优良。这是我们与协和界面科学株式会社共同开发的，很多从事光催化产品的开发企业对该装置给予了高度评价。

对癌症和手足口病也有一定疗效

光催化不仅能够杀死细菌和病毒，还能**将细菌和病毒的尸骸进行分解**，已确认光催化对癌细胞也能够发挥同样的作用。如图 1-11 所示，是我们利用光催化杀死典型的肿瘤细胞（海拉细胞 HeLa cell）后的效果实例。

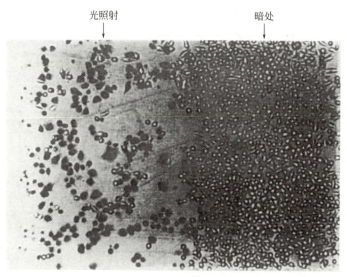

图 1-11 光催化杀死典型的肿瘤细胞（海拉细胞）的效果图

目前为止，我比任何时候都希望能利用光催化开发出癌症的光化学疗法。

而且，未来正朝着**"预防才是最好的治疗"**的时代发展。例如，以婴幼儿群体为中心的夏季流行病之一的手足口病。这种病主要是由肠道病毒（enterovirus）引起的感染，如图 1-12 所示，症状主要是在婴幼儿的口、手、脚等地方发疹子，甚至还会引发脑膜炎等并发症。

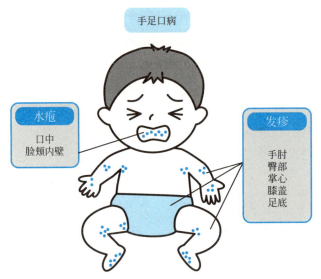

图 1-12 手足口病发疹部位

由于手足口病是通过打喷嚏的飞沫及大便等传染，所以托儿所等幼托场所很容易引起群体性感染。日常的洗手是最基本的预防措施。我常常想，如果对婴幼儿身边日常接触的**玩具、绘本图书、毛巾等生活用品进行光催化处理**，是不是更有预防效果呢？位于中国南京的东南大学，有个年轻教授叫顾忠泽，他曾经是我在东京大学做教授时的学生，现在是活跃在中国生命科学领域的一名研究者。他说手足口病在中国也是一个大问题，正考虑与我们合作一起找出对策。

具体做法大概是先集中力量以某个感染症状为目标，通过建立一个有效的光催化预防方法，从而推广应用到其他的感染症状上。

世界首例预防食物中毒的应用和"光催化灭蚊器"

在引起食物中毒的细菌中,有一些无论是高温煮沸还是消毒,都无法把它杀灭的耐受性很强的细菌。

现在我们已经知道,这类细菌,只要处于饥饿状态,就需要在细菌的最外层长出一层厚厚的蛋白质外壳,这个壳叫作芽孢(图 1-13)。

最近,东京理科大学的中田一弥副教授,**在世界上首次利用光催化对形成芽孢后的细菌进行灭活处理(无法传染的状态),并取得了成功**。

与此同时,利用光催化试制的**"光催化灭蚊器"**也取得了进展。

利用光催化产生的二氧化碳把蚊子引诱过来,一旦蚊子接近风扇就一举歼灭,结构非常简单,如图 1-14 所示。

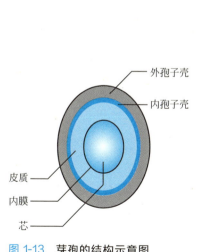

图 1-13 芽孢的结构示意图

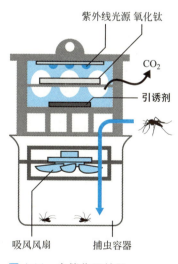

图 1-14 光催化灭蚊器

今后，除了在日本国内推广使用外，还考虑是否可以在非洲和东南亚一些国家推广使用。由于蚊子传染导致疟疾肆虐，那里的人们深受其害。

近年来，日本也面临蚊子问题，由于蚊子传染而感染登革热的病人不断增加。传播登革热和疟疾等传染病的蚊子，主要是吸血的雌蚊子。

现在已经知道，引诱这些吸血蚊子的引诱源，主要有以下四个因素：①二氧化碳；②气味（乳酸等引诱物质）；③温度；④颜色。

现在市场上销售的光催化灭蚊器，就是利用了氧化钛和紫外线。当吸附在氧化钛上的污垢等在光催化的作用（氧化分解力）下分解成二氧化碳后，通过与紫外线的协同作用，把蚊子吸引过来，然后集中消灭。

但是，这种方式也有问题，就是产生的二氧化碳量太少，无法达到想要的效果。另外，灭蚊器使用的煤气罐虽然市面上有售，但煤气罐需要时时更换，很费工夫，而且煤气罐很重，搬来搬去也很麻烦。

于是，我们研究小组利用氧化钛光催化薄膜能高效分解有机气体的性能，**开发出了对上述四种引诱源有效的光催化灭蚊器**。新开发出来的氧化钛光催化薄膜用到灭蚊器上后，提高了有机气体的分解效率，即提高了二氧化碳的生成效率，比市场上销售的普通灭蚊器的灭蚊效率提高了很多。

预防才是最好的治疗！
漂白剂及牙根种植体也用上了光催化

如图 1-15 所示，光催化在齿科领域的应用，是一项系统的长期工程。

其中之一是漂白剂（氧化钛网＋蓝色LED），用于牙齿美白。

其次，现在也有研究考虑将光催化用于牙根种植体（人工牙根）、义齿清洗剂以及义齿本体。

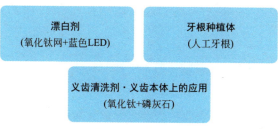

图1-15 光催化在齿科领域的应用实例

在齿科领域，磷灰石是人工骨和牙根种植体中用得较多的材料，主要特点是对细菌和蛋白质有吸附作用。因此，现在开发的义齿，就是利用的这一特点。人们装上将磷灰石和氧化钛、氟等合成的义齿，睡觉时，取出义齿将吸附的细菌和蛋白质等利用光催化进行分解。

口腔护理常常与预防肺炎联系在一起。在口腔护理中引入光催化技术，提高口腔护理效果，也算是顺应了**"预防是最好的治疗"**这一时代要求的必然举措吧。

现在我们成立了光催化医疗应用研究会，历经10年，除东京理科大学的同事以外，南东北综合医院的濑户皖一先生，鹤见大学齿学部的花田信弘教授，神奈川齿科大学的木本克彦教授，生物科学研究会（BMSA）的濑岛俊介理事长，欧维克斯株式会社的森户祐幸会长，中村信雄社长，神奈川县产业技术综合研究所的落合刚先生等经常参与讨论。

1.3 光催化在农业和生物学领域的应用

农业生产的高效率和低成本

未来,光催化在农业生产中将发挥越来越重要的作用。

东京理科大学光催化国际研究中心的建筑物内,创建了一个植物示范工厂,运用各种各样的光催化技术,目标是培育出拥有高附加价值的药草等植物。

东京理科大学药学部及生命科学方面的学科师资力量雄厚,通过跨学科整合,相信一定能取得东京理科大学独有的科研成果。图 1-16 是西红柿刚育苗的样子,图 1-17 是西红柿结果后的景象。

图 1-16　植物工厂①：西红柿刚育苗后的照片

如图 1-18 所示,利用光催化技术**提高种子的发芽率**,以中田一弥副教授为中心的团队取得了突破性成果。

图 1-17　植物工厂②：西红柿结果后的照片

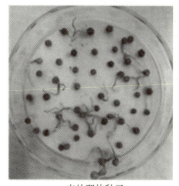 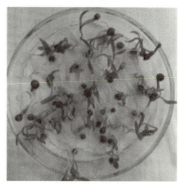

　　　　未处理的种子　　　　　　　光催化处理后的种子

图 1-18　种子的发芽状态比较

　　在氧化钛光催化板上撒上种子，再用紫外线照射处理虽然很简单，但光催化反应时产生的活性氧物质刺激了种子，使得发芽率提高了。现在，有关它的作用机理正在解析中。

　　药草等一些农作物的发芽率低，导致产量低下。如果能利用光催化提高药草种子的发芽率，**那农作物栽培中遇到的效率低和成本高的问题就能迎刃而解了**。光催化国际研究中心内的植物工厂中，也有寺岛千晶副教授团队在进行药草栽培试验，希望最终能实用化。

将太阳光引入室内

光催化国际研究中心的楼顶上,建有一个如图 1-19 所示的太阳光集光系统,能自动聚焦太阳的方位,最大限度地吸收太阳光。

资料来源:欧维克斯株式会社HP

图 1-19　太阳光集光装置

光导管(液体光导管)

图 1-20　开发中的光导管

将太阳光导入室内这一研究课题，主要是由森户祐幸博士（东京理科大学客座教授，欧维克斯株式会社社长）主导。收集到的太阳光，可以通过如图 1-20 的**光导管**（这也是由森户祐幸博士在本中心开发的），输送到各个研究室。

不同于以往石英（由二氧化硅制作的透明结晶）制的导管，这个光导管内部的基本物体是**水**。将来可以对光导管做进一步改进，可以做得更粗更长些，开发出太阳光输送效率更高的光导管技术。如此一来，海上养殖业、地下室太阳光发电以及掩体照明等均可使用，使用范围就可以不断扩大（图 1-21）。

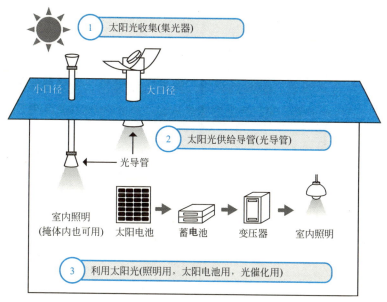

图 1-21　太阳光运用新系统

可生成用于预防龋齿及抗癌的"稀少糖"

中田一弥副教授发现了可以利用光催化简单地制造**稀少糖**（rare sugars），一时间成为了生命科学界的话题。

所谓稀少糖，是一种存在于自然界中但含量极少的一类单糖及其诱导体，类似于能够预防龋齿的木糖醇，现在已知它拥有各种各样的生理活性功能（图1-22）。尤其可贵的是，稀少糖还被发现在消除炎症和抗癌方面也有效果。

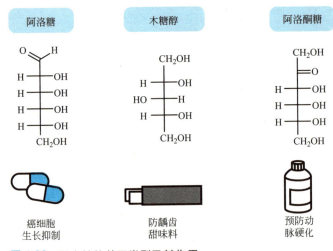

图 1-22 稀少糖的若干类型及其作用

稀少糖的生产及其制作方法，一般是使用酵素和化学药品。但这种方法成本很高，也很费时间。

我们采用的是如图1-23所示的方法，利用光催化使葡萄糖和乳糖等这类便宜的糖发生化学反应，成功地合成了目前为止市场上没有的来苏糖和赤藓糖等高价稀少糖。

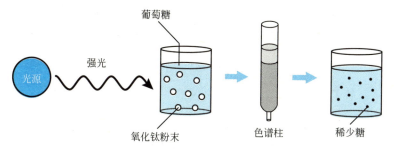

图 1-23 利用光催化反应制作稀少糖

今后,将继续对稀少糖的生物活性作详细的研究,争取在抗癌剂等药物的应用研究上取得进一步的发展。

1.4 光催化在提高生活质量方面的应用

宾馆、医院、护理机构、保育院、二手车等行业使用的可见光高灵敏度光催化剂发展迅速

进入 21 世纪，可见光响应型的高活性光催化剂的开发进入了一个繁荣时期。

根据量子力学理论计算，人们已经可以将氧化钛结晶中的部分氧，比较容易被类似于氧的其他元素的阴离子（负离子）进行置换，就能做到吸收可见光。

氮、硫及碳等元素都可以作为选用元素，通过添加这些元素，现在已经发现了一种可见光响应型光催化材料。

除氧化钛外，研究人员还尝试各种各样其他可能的光催化材料，如钽的化合物（即氮氧化钽系列）、氧化钨（WO_3）以及氧化钛和氧化钨的复合化合物等等。

氧化钨有很好的光催化活性早已为人所知，由于其效果很难令人满意，因此迟迟没有进入实用化阶段。

但是，最近东芝公司等在这个问题上找到了突破口。他们通过调整结晶结构，提高电荷的分离效率，使粒子直径变小，从而增加与处理对象的接触面积等方法，实现了高活性的可见光响应，推动了氧化钨实用化的快速发展。

如图 1-24 所示的是改进后的氧化钨吸收光谱图，能利用 LED 灯发出的可见光。

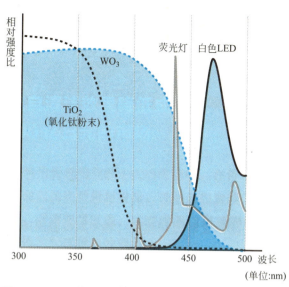

图 1-24　可吸收可见光的氧化钨（WO_3）吸收光谱以及白色 LED 的光谱分布图

现在，通过在纤维编织里导入氧化钨，或镀膜等方法，氧化钨正不断被应用到各种各样的材料中。

例如，**宾馆、酒店、护理机构、保育院**，甚至**二手车**等行业都已用到氧化钨。二手车和租车等行业，需要清除前任使用者留下的味道，利用可见光光催化剂进行除臭，效果明显，所以很受欢迎。

光催化在预防花粉症口罩、抗菌圆珠笔、地毯等商品上的使用也很普及

以东京大学 TLO（Technology Licensing Organization，技术转移机构）为中心，组建了大学和企业协作（产学协作）平台。东京大学 TLO 山本贵史社长创立该中心的初衷是，将大学里躺在书本中的研究成果，专利技术转让给民间的企业，通过激

发创新,找到日本未来的发展道路。

在光催化应用研究领域,产学协作已经初见成果,光催化产品不断增加。

例如,富士通正在开发钛磷灰石高性能光催化材料,并即将产品化。人类的骨骼、牙齿中含有一种叫作羟基磷灰石的物质。富士通开发的这种材料,就是将钛混入羟基磷灰石钙中。

羟基磷灰石钙本身拥有非常良好的吸附性,导入光催化后,进一步提高了它对细菌、病毒和有机物的分解能力。这样,一种新的**吸附-氧化分解能力优异的光催化材料**诞生了。

利用这种材料良好的吸附功能,现在已开发出了一种可以**预防花粉症的口罩**了。如图 1-25 所示。

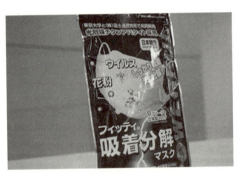

资料来源:《花粉症喜讯:可阻挡 99.9% 花粉的技术!》
FUJITSU JOURNAL HP

图 1-25　防花粉口罩

另外,光催化已用于**抗菌圆珠笔**、**地毯**等商品,也用于**空气净化器**的过滤器上。和企业之间的技术专利转让合同也在不断增加,未来,手机、平板终端、电脑键盘等行业,必将有更多的产品会利用光催化技术。

利用希拉斯火山灰制作防污涂层

光催化应用开发最成熟的领域,是建筑物外墙的光催化涂装。最近,又开发出了一种新的防污涂层材料,是由**天然材料希拉斯火山灰与光催化剂组合而成**的。

希拉斯火山灰是产于鹿儿岛破火山口(caldera)喷火时喷出来的纯天然陶瓷材料,它是一种非常细小的微粒子,微粒子中有无数的小孔,属于多孔结构。如图 1-26 所示。

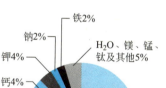

资料来源:株式会社高千穗HP

图 1-26　希拉斯火山灰的成分构成及电子显微镜照片

现在已经开发了用希拉斯火山灰制成的外墙材料。由于这种材料的多孔结构,墙面的通风性和调湿性更好,能有效地防止结露和湿气。同时,由于它的隔热性能良好,能有效提高空调的使用效率,又是一种很好的节能材料。现在,株式会社高千穗已经开始制作这种希拉斯火山灰和光催化技术结合的建筑材料。可以预见,这种建筑材料的防污效果,尤其是**防藻效果**明显,而且是一种环保节能型材料,未来很有可能会普及,主要用于有需求的高层公共建筑物的外墙上。

如图 1-27 所示，日常生活中也随处可见光催化产品，窗帘和百叶窗、衣服、伞、玩具、书本、沙坑、空调室外机等等，创意无处不在。

图 1-27　日常生活中的光催化产品越来越普及

未来可以预见的光催化大市场，应该是将光催化用于汽车的**车身涂装**。虽然这是个已经研究了近 20 年的课题，但随着技术的进步，仍然是个值得再挑战的领域。

要把这些开发技术都成功地转化为产品，必须针对所使用的环境和条件，对光催化材料精挑细选，因地制宜，精准定制最适合的使用方式。

从 2020 年东京奥运会到宇宙开发

正如前面已经介绍过的，光催化的实际应用正飞速地发展。

换句话说，从中可以捕捉到光催化在整个社会中实施的进展状况。更进一步地说，当前与光催化相关的有两大课题呼之欲出。

首先，2020年的东京奥运会·残奥会（第32届东京奥运会）的准备工作已开始启动。本次奥运会的运营口号是**"环保奥运"**，明确了奥运结束后继续朝着**"环保都市东京"**的目标努力（"以2020年东京奥运会·残奥会为契机推进环境保护"—环境省2014年8月发布）。

在最热的夏天召开东京奥运会，最大、最令人担心的问题是**热岛效应**（图1-28）。在马拉松及自行车公路赛等室外道路进行的竞技项目中，如何防止运动员和观众中暑，热岛效应的对应方案不可或缺。

图1-28 热岛效应示意图

于是，一种具有**隔热效果的光催化涂装技术**，即利用超亲水性的散水冷却系统（人工洒水效果）派上了用场。

在2005年的日本国际博览会（2005年爱知世博会）上，**因为光催化帐篷上的流水使周围变得凉爽，这种帐篷受到了来宾的好评**。这次也希望在此基础上进一步提高。

如果能以本次奥运会为契机，使包括光催化在内的环保技术再次创新，借助"环保都市东京"的东风举办一届无与伦比的奥运会，那么，对肩负未来使命的孩子们来说，也是一个值得骄傲的奥运会吧。

大家也许不知道，光催化对**宇宙开发**也做出了贡献呢。

国际宇宙空间站（ISS）里有一个日本实验室叫希望舱，在希望舱中进行的实验之一，就是**宇宙中的生命研究**。

希望舱已先后进行过微生物、植物、青鳉的实验，现在已经可以做老鼠饲养实验了。实验的目的是为了研究人在宇宙中骨量减少和肌肉萎缩的原理，为高龄医疗和新药开发提供依据。

在希望舱中饲养老鼠，实际上最大的问题是如何**消臭和除菌**。在国际宇宙空间站那样一个环境受限的狭小空间里饲养老鼠，还要让老鼠平安无事地回到地球，最重要的也是最关键的问题是饲养室的卫生环境。另外，在宇宙空间站特定的环境里，还应尽可能不要占用能源和空间。

其中，所采用的光催化技术引起了人们的特别关注。JAXA（宇宙航空研究开发机构）和厂家共同开发，终于实现了在希望舱中**饲养老鼠35天并安全返回地球的"生还使命"**。

其实不仅限于饲养室，国际宇宙空间站以及宇宙飞船等舱内，气味问题一直存在。有的宇航员将其称之为"体育系男生宿舍的味道"。要想在宇宙中长期滞留，居住空间的空气净化问题，与宇航员身心健康有着密切的联系。

随着火星研究的开展，光催化研究也将火星的有人探查、国际宇宙空间站中长期滞留等作为研究方向，**宇宙飞船内可有效地消臭杀菌的光催化技术**的开发正在持续进行。东京理科大学特聘副校长向井千秋，也非常关心将光催化技术导入宇宙空间站这一研究的发展。

作者纵谈

光催化，终于登上了检定教科书！

现在的在校初高中生都在通过教材学习光催化。

光催化中的光解水和自清洁功能等内容，现在已经出现在日本初中和高中的理科或化学审定教材（东京书籍[❶]、启林馆[❷]）中了。

在校的初中生和高中生能学习光催化以及有关太阳能利用的知识，对于研究开发人员来说，是一件非常令人高兴的事情。

我确信在他们中间，会出现下一代的研究者、技术人员，他们在解决资源、能源、环境问题方面一定会有更新、更好的成果。

而且，初中生和高中生学习光催化的意义，不仅仅是将来可以读理工科，恰恰相反，那些读理工科以外的人，将来他们都能科学地、理性地用自己的头脑判断事物，为培养其科学思维打下基础。

例如，在光催化产品刚刚实用化的初始阶段，市场上出现了打着光催化产品的旗号却没有任何效果的商品。在这类产品出现的时候，如果对真的光催化产品有一些基本了解的消费者较多，那假货或虚假宣传就会被淘汰，聪明的消费者选择的真货就会被保留下来，企业就能成长壮大。换句话说，培养一个健全的市场，理科的基础教育必不可少。

[❶] 东京书籍：全名"东京书籍株式会社"，创建于 1909 年，是一家以教科书为主要业务的出版机构。
[❷] 启林馆：日本一家以教科书为主要业务的出版机构。

第2章

在建筑物和高楼上使用光催化大受欢迎的原因

2.1 建筑物外墙上采用不易脏的光催化瓷砖已成新常识

丸大厦成为日本第一个使用光催化瓷砖的高层建筑！带动了 1000 亿日元的市场

虽然光催化能产生各种各样的效果，但其中最引人注目的是在实用化方面进展迅速的**自清洁效果**。

在住宅的外墙瓷砖表面涂上一层薄薄的透明的氧化钛溶液，经过太阳光照射后，附着在瓷砖表面的污渍等，由于光催化的**氧化分解作用**就会慢慢地被分解。

然后，下雨的日子，由于光催化的**超亲水性效果**，瓷砖表面就会形成一层薄薄的水膜，污渍随着浮起的水膜，一起被雨水冲刷干净（图 2-1）。

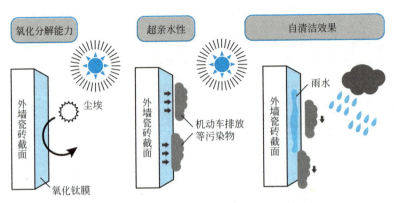

图 2-1 光催化的自清洁效果

如图 2-1 所示，在光催化强大的**氧化分解能力和超亲水性的双重效果**作用下，利用太阳和降雨等大自然的力量，使得瓷砖表面始终保持着自身清洁状态——**"光催化自清洁效果"**由此而来。这种效果已经在实际应用中得到了快速推广。

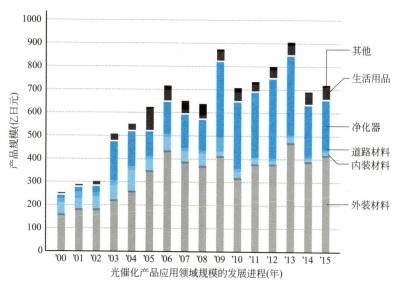

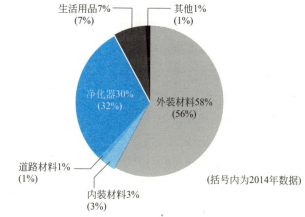

图 2-2　2015 年的光催化产品规模（资料来源：2016 年光催化工业协会的调查）

在瓷砖表面涂上一层薄薄的、透明的氧化钛，说起来容易，但应用到实际的产品上，要使产品保持其独有的性能和耐久性并非易事。

关于这一点，将在本书的后半部分详细介绍。经过厂家技术人员的潜心钻研，**日本历史上首次成功地在东京丸之内车站前的丸之内大厦（丸大厦，2002 年竣工）外墙上使用了光催化瓷砖**。

从那以后，光催化产业一步一步地向前推进，到了 2016 年，光催化工业协会的调查显示，光催化产业整体的**规模接近 1000 亿日元**，已经发展成为一个庞大的市场（图 2-2）。

其中最主要的产品，就是以光催化瓷砖为首的外墙用建筑材料（建材产品）。

不仅如此，由于光催化的自清洁效果，使得建筑物外墙始终保持干净整洁的状态，既大幅减少了清扫等维修、维护的麻烦，还减少了洗涤剂和水的使用量，这一节能又环保的技术也得到了广大消费者的高度评价。

光催化瓷砖创造了住宅的美观

现在，**大和房屋工业**[1]、**旭化成**、**一条工务店**等与建筑相关的公司，几乎都采用了光催化技术。

松下幸之助先生于 1963 年创建的"Panasonic Homes"（松下家居）公司就是其中之一。松下幸之助先生是基于强烈的使命感而创立这家公司的，即要让房子成为这样的一个家：培养有幸福感的家庭，让家成为人格成长的摇篮。

为了建造一个人人感觉舒适的家，在构造和技术价值上，松下提出了 "柔" "强" "健" "美" 的四字口号。这四个字涵盖了我们生活住宅的价值所在。

---

[1] 大和房屋工业：日本最大的住宅建筑商，公司专门从事预制房屋。

保持房屋的美观、延续房子的持有价值、为创造住房的"美"而采用的技术，即**外墙用光催化瓷砖**。

具体地说，就是和 TOTO 公司合作开发了**一种特有的高性能光催化瓷砖**，此瓷砖上市销售十三年来，**已累计用于 7 万栋新建住宅**。

松下家居国分寺住宅项目中，所有的建筑物外墙均采用了光催化瓷砖，实现了节能和创建绿色社区的双目标，成为人们关心的话题（图 2-3）。

资料来源：株式会社松下家居多摩

图 2-3 松下家居国分寺住宅

还有，入选了 2014 年度优秀设计奖的光催化瓷砖，利用氧化钛技术产生虹彩现象，通过调整光的照射方法或人的观察角度，瓷砖的阴影发生变化，展现出一种独特的观感。这种功能性优越、**设计感很强的瓷砖**，未来在各种场合的应用也很值得期待。

其他作为外墙材料使用的 KMEW 株式会社开发的"光瓷"等也获得了广泛的应用。

光催化瓷砖的住宅可去除 NOx

光催化瓷砖之所以是一种环保技术产品，除了自清洁效果以外，还有另一个功能。

那就是，不仅仅停留在只将表面附着的污渍分解，还能将大气环境中的有害物质 NO_x（氮氧化物）**进行分解，拥有强大的净化能力**。

也就是说，光催化拥有**利用太阳光净化空气的能力**。这种效果已获得 JIS（日本工业规格）认可，并获得了性能鉴定（参照第 8 章）。

如果将目光投向大自然，就会发现，要说净化空气，森林的各种植物就先天具备这种能力。

例如，阔叶树中的白杨树，作为净化能力超群的高大树木广为人知。有厂家测算过，$200m^2$ 的光催化瓷砖的 NO_x 分解力，大致相当于 **14 棵白杨树**。

白杨树在植物中的 NO_x 吸收力很高，上述的数据是以一棵白杨树有 15000 片树叶为基数计算出来的（图 2-4）。

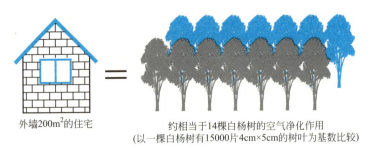

外墙$200m^2$的住宅 　 约相当于14棵白杨树的空气净化作用
（以一棵白杨树有15000片4cm×5cm的树叶为基数比较）

图 2-4　光催化和白杨树的 NO_x 去除效率比较

建筑物的外墙通过采用光催化瓷砖，可以达到与植树相同的效果，对地域的环境净化作出贡献，我想这就是光催化技术的独特效果吧。

如果将后文所述的内部装修用的瓷砖也包含进去，光催化瓷砖概括起来大致如图 2-5 所示。

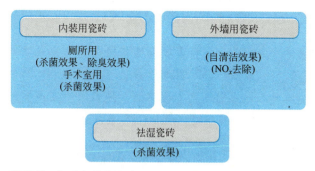

图 2-5　各种光催化瓷砖

2.2 活跃在高楼、工厂、教堂外墙的建材、装饰材料

TOTO 公司将日本的原创技术传播到世界

不仅是普通住宅，现在很多高楼大厦和工厂也开始使用光催化瓷砖和涂料（涂层材料）装饰外墙。

最初开发并一直引领这个行业的，是石原产业开发的氧化钛材料、TOTO 公司开发的"Hydrotect"技术以及日本曹达株式会社开发的光催化涂层剂 BISTRATOR。

TOTO 公司从开发浴室等室内装修用光催化瓷砖开始起步，到外墙用瓷砖以及瓷砖以外的外墙涂层用光催化涂料（涂层剂）及其关联产品，产品范围不断扩大，也取得了不少的发明专利，还将专利技术转让到了海外。TOTO 公司作为光催化技术的引领者，已实实在在地将这一技术在世界范围内展开。

高楼大厦和工厂的建筑场所，常常因为周边道路的交通拥堵，机动车缓慢行驶造成周围环境的空气污染，直接导致周边建筑物外墙容易脏。

日本由于提高了汽车尾气排放标准，与以前经济高速发展时期严重的空气污染相比，现在的空气质量已经大有改善。但如果将目光转向世界，北京的空气污染依然很严重，亚洲、非洲等很多国家随着城市化发展的步伐加快，伴随而来的就是空气污染问题。因此，空气污染现在仍然是有待解决的全球性课题。

如果在空气污染严重的地方建高楼或工厂时，将整个建筑物外墙都覆盖一层光催化涂料，使建筑物自身利用光催化的自清洁功能保持干净，同时还能去除空气中的 NO_x（氮氧化物），就可

以使周围环境空气清新。

而且，高楼大厦的外墙清洁工作，不仅清扫成本高昂，也是一项危险的工作。如果利用光催化技术，既可以减少建筑物外墙的维护次数，又能使建筑物始终保持干净，还能**让清扫工回避危险，降低建筑物的维护成本**。因此，光催化瓷砖及涂层材料已被越来越多的建筑公司作为妙招应用到建筑物上，取得了极好的效果。

空气净化能力相当于 2000 棵白杨树的丰田工厂

一些环境意识强的企业，也积极地在工厂或店铺的建筑物外墙上导入光催化技术。

例如，**丰田汽车厂**（爱知县丰田市）。这家工厂主要生产混合动力车普瑞斯，建筑物外墙就使用了**绿色的光催化涂料**。

如果将光催化技术净化的空气与白杨树净化空气的效率进行换算，那**整个工厂拥有相当于 2000 棵白杨树的空气净化能力！**

想象一下，2000 棵白杨树形成的一片树林！虽然肉眼看不见，但对光催化发挥的作用是不是稍微有了一点感性认识？

笔者私宅、岐阜大学、德国、中国、意大利 光催化随处可寻

20 多年前，我自己家的房子装修时，外墙就全部采用了光催化瓷砖。

我采用了日本曹达公司开发的名为"BISTRATOR"的产品，委托光阳电气工事公司帮忙涂装，**直到现在墙体仍然很白没有任何污渍**。

那些采用了光催化涂装技术的建筑，如一些大学和高中的校舍、车站的外立面等等，凡是用过的地方都能始终保持墙体干净，光催化技术因而受到高度称赞。

图 2-6 所示为**岐阜大学**[1]的校园，照片中的部分墙体采用了光催化涂装技术，另外的部分墙体没有用过光催化涂装技术，对比起来有着明显的差别（岐阜大学大学院杉浦隆教授摄影）。

图 2-6　岐阜大学校舍光催化涂装部分和未涂装部分的比较

最近，在欧洲一些地方以及中国，也开始引入日本的光催化技术，光催化涂装的建筑物也开始增加了。

例如，**德国不来梅市的一些居民楼、中国广东省的一些高楼、意大利的教堂**等建筑物的外墙也开始采用光催化涂装技术。

我工作的东京理科大学光催化国际研究中心（野田校区内）的建筑物，可以说是覆盖了一片光催化的虚拟白杨树林。本研究中心的隔壁，似乎是为了检验未来的研究成果，种植了一片柑橘林，建造了一片真的果园。

---

[1] 岐阜大学：位于日本岐阜县岐阜市的国立大学。

既美观又降低了清洁成本的铝材

目前广泛使用的铝制建材,通过加载光催化涂装技术,就能使之发挥自清洁效果。

三菱化学公司开发的铝塑型材,如图2-7所示,就是在芯材中使用了树脂材料,有着三层结构的铝树脂复合板。这种复合板现在已在世界各国广泛使用。

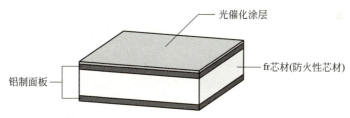

图 2-7　三菱化学铝塑型材的特点

在高耐久性氟树脂 Lumiflon® 涂膜上,进行光催化涂层加工,使之保持自清洁效果。这样不仅可以长时间**保持铝材表面光滑和均匀美观**,而且可以**降低清洁成本**。

由于光催化可以在工厂里预先涂装,所以**不需要在施工现场进行涂装作业**,这样既缩短了工期,又避免了现场的涂装工技术不稳定造成的质量问题,确保了产品质量。特别是当施工量大的时候,这一点显得尤为重要。

无需清洁维护的眼镜店广告牌

在人来人往的街边或川流不息的马路边,广告牌往往很容易脏。

现在,越来越多的商家会在广告牌的表面涂上一层透明的光催化薄膜,保持其清洁。举个例子,东京都内有家连锁眼镜店叫

"**眼镜超市**"（图 2-8）的广告牌，总是很干净，无需清洁维护。

资料来源：株式会社眼镜超市HP

图 2-8　光催化涂装过的广告牌

现在的光催化涂料颜色多样，品种丰富。既有**彩色涂层**，也可以根据基材的质感进行**透明**的清漆层施工，还可以根据客户需求量身定做。

2.3 提升了帐篷膜材功能的光催化帐篷

制造了东京巨蛋帐篷膜材的公司

在拥有光催化功能的外装用建筑材料中，**帐篷膜材**的发展显得很独特。

提到帐篷膜材，大多数人脑海里首先浮现出来的大概就是**东京巨蛋**（Tokyo Dome）吧。诞生于1988年的东京巨蛋的屋顶，是由玻璃纤维和氟化物树脂加工而成的帐篷膜材组成的。在经历了四分之一世纪后的今天，依然保持着足够的强度。

遗憾的是，东京巨蛋初建时，光催化的应用研究还处于黎明时期，技术尚未成熟，巨蛋屋顶表面没有自清洁功能，无法自动保持清洁。

从那以后，东京巨蛋的膜材制作公司太阳工业株式会社，通过与其他几家企业通力合作，将光催化技术导入帐篷膜材的开发并取得了成功。现在他们的**光催化帐篷**，已经应用到很多地方，取得了不俗的业绩。

作为一种在室外长期使用的建筑物上的膜材，大致可分为两大类。一种是用氯乙烯树脂加工而成的**聚氯乙烯薄膜**，另一种是氟树脂加工而成的**氟化物（薄）膜**。

使用聚氯乙烯薄膜时，由于聚氯乙烯容易在氧化钛的氧化分解作用下快速老化，一般会在中间设置一个屏障层（黏结保护层），然后在上面再涂光催化层。

另一方面，由于**氟化物（薄）膜**不会被氧化钛氧化分解，可以将含有氧化钛微粒的氟树脂，直接加工在底材的氟化物（薄）膜上。

由于光催化粒子与膜材的加工一体化，这种氟化物（薄）膜不会老化，可以**半永久性地保持光催化功能**。

"四大特点"和网球场、足球场、棒球练习场

本来，帐篷膜材的特点，就是轻便结实、空间明亮、造型自由。现在其表面具有了光催化功能后变成光催化帐篷，不仅大大提升了帐篷膜材的可能性，而且也使其功能变得更加强大优越。

大致上，光催化膜材和其他外装饰用建材一样，具有以下几大效果：①利用太阳和雨水的自然力量自清洁污渍，具有降低维修管理成本的**自清洁效果**；②分解空气中的 NO_x 净化空气；③由于表面不容易脏，可以**长时间保持室内空间明亮**；④由于提高了太阳光的反射率，**室内不会变得闷热**，从而达到**节能效果**（图 2-9）。

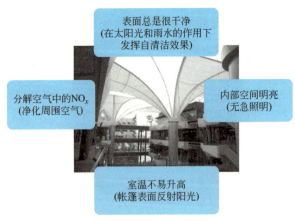

图 2-9 光催化帐篷的四大特点

由于传统的仓库温度高，对温度控制要求很严的食品和药品过去很难在仓库储存。

现在，食品和药品等行业的仓库就利用光催化帐篷的这些特点，控制仓库内的温度，解决了食品和药品难以储存的问题。

由于光催化帐篷既能抑制温度上升，又能阻断紫外线，最适合一些体育设施。现在一些**网球场**、**足球场**、**棒球练习场**等场地的体育设施也都开始使用光催化帐篷。

八重洲出口的光之帆大屋顶、达拉斯 10 万人体育馆帐篷膜材在世界各地大显身手

帐篷膜材本身外形美观，设计自由，与光催化的环保功能有机结合后，使建筑物整体看起来也很美观大气。所以现在很多商业设施以及一些多功能的社会设施也广泛采用这种帐篷。

2013 年 9 月建成投入使用的东京站八重洲出口的新地标建筑**光之帆大屋顶**（图 2-10），就使用了**光催化帐篷**。利用光催化膜材透光柔和的特点，提升了夜间照明的灯光效果，营造出了一种与都市环境相匹配的氛围，成为了一处漂亮的景观。

图 2-10　东京八重洲出口的光之帆大屋顶

根据太阳工业公司的统计，日本国内经由该公司建造的膜结构型的永久性建筑设施，约 90% 采用了光催化帐篷，获得了压倒性的支持。

实际上，光催化帐篷在海外同样受到广泛欢迎。2014 年在巴西召开的 FIFA 世界杯使用的体育馆屋顶，美国德克萨斯州达拉斯市可容纳 10 万人观战的美国足球体育馆都是有名的案例（图 2-11）。

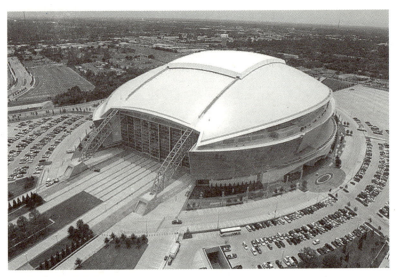

图 2-11　达拉斯牛仔 AT&T 体育馆（美国）

另外，位于法国巴黎的蓬皮杜艺术中心是世界知名的文化美术中心之一，其设立在洛林地区的梅兹市分馆**"蓬皮杜艺术中心"**，也是一座大型膜结构的建筑，于 2010 年建成使用。这是**欧洲首次**将光催化帐篷用于建造大型膜结构设施（图 2-12）。

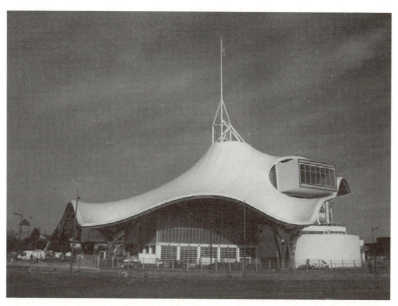

图 2-12　梅兹蓬皮杜艺术中心（法国）

这项别出心裁的设计来自日本的建筑设计师坂茂氏。他根据艺术中心的定位，灵活地运用膜材的特性，将屋顶设计成柔软的曲线形，屋顶面积约 8000m²。到了晚上，室内的灯光透过屋顶营造出独特的照明效果，尤其漂亮。有机会请一定去看看，**来自日本的光催化技术和日本建筑设计师的灵感碰撞，在欧洲催生了一座新的文化中心，可喜可贺**。

机场方面，1994 年美国科罗拉多州丹佛国际机场首次使用了光催化帐篷，随后的还有 2004 年克罗地亚的斯普利特机场，2014 年英国伦敦的希思罗机场。日本的成田国际机场也使用了光催化帐篷。

机场以外的建筑物上光催化帐篷的使用就更加广泛了。光催化帐篷的使用已扩散到世界各地，例如德国、希腊、土耳其、西班牙、中东、澳大利亚等国家和地区。

胡夫金字塔也用上了光催化！

另外，作为一名长期从事光催化研究的学者，令人倍感振奋的是，位于埃及吉萨的胡夫大金字塔旁边的工作帐篷外膜，也采用了光催化技术（图 2-13）。

图 2-13　胡夫大金字塔旁边搭建的光催化帐篷（埃及·吉萨）

这顶帐篷位于金字塔旁边，是为方便发掘和复原相邻的副葬墓胡夫王之船（第二太阳之船）的施工作业而搭建的。胡夫王之船是早稻田大学名誉教授吉村作治（现任东日本国际大学校长）于 1987 年发现的，从那以后就开始了发掘调查工作。

用于施工作业的帐篷外膜采用的是二重膜结构，外膜上使用了氧化钛膜材。在埃及强烈的日照下，能将大约 80% 的太阳光反射回去，从而抑制帐篷内的温度上升。即使没有空调设备，也可以营造比室外气温低 4～5℃ 的环境。

而且，由于帐篷自身的自清洁效果，可以最大程度地减少对世界文化遗产的外观影响。

现在，即使发掘复原工作已经结束了，帐篷也赠送给了埃及考古学最高会议委员会，但仍然作为保存贵重文化财产的处理设施继续发挥作用。我最爱读的一本绘本书是《金字塔的历史与科学》（**加古里子 著** 偕成社），光催化用在了金字塔的发掘保护上，对我而言真是百感交集啊。

2.4 不易脏、不起雾的玻璃让您始终视野清晰

节水成功的中部国际机场和东京理科大学不起雾的玻璃

与一般的瓷砖、帐篷等其他的外墙装饰材料比起来，平板玻璃虽然不容易脏，但一旦脏了以后就会影响玻璃的透明度，从而影响整个建筑物的外观形象。

因此，一般的住宅和大楼等大型建筑物，毫不夸张地都把玻璃作为维持建筑物美观的最重要因素。不仅限于日本，世界上所有的著名玻璃制造商都竞相开发**带光催化功能的自清洁玻璃（光催化玻璃）**。

其中，大规模设置光催化玻璃的是日本中部国际机场（新特丽亚）。总共使用了 17000m² 的光催化玻璃，不仅**减少了清洁次数**，而且还**节约了清洁用的自来水**（图 2-14）。

南侧

中心航站楼

资料来源：中部国际机场HP

图 2-14　中部国际机场（新特丽亚）的光催化玻璃

如果你想体验光催化玻璃的实际效果，请到东京理科大学葛饰校区来，一定会有切身体验。

2015 年秋，在葛饰校区图书馆大楼的一楼，"理科大学科学展览馆"正式开门迎客了（图 2-15）。

图 2-15　理科大学科学展览馆（东京理科大学葛饰校区图书馆大楼一楼）

东京理科大学第一任校长本多光太郎曾经说过，要把**"在有学问的地方培养技术，有技术的地方发展产业，产业是学问的展览馆"**作为办学目标。理科大学科学展览馆既是介绍东京理科大学最尖端研究的展示场所，也是一般市民可以随时参观学习的地方。在这个展览馆的一角，设置了一个可以体验光催化基本原理的"光催化体验角"，可以一边听本校的在校学生解说，一边感受**下雨天也不会起雾的光催化玻璃**的效果。

在建筑物外侧的一面墙上，并排使用了光催化玻璃和普通玻璃，还在上部设置了一个喷淋装置，模拟雨水从上面落下（图 2-16）。

图 2-16　普通玻璃和光催化玻璃的比较

东京理科大学的在校生解说员一边解说一边按下按钮，喷淋装置开始工作，很快普通玻璃表面的大部分被水覆盖，与下雨天站在室内看到的窗外玻璃一样。

再看光催化玻璃，由于光催化**良好的超亲水性效果**，虽然一样淋了雨，但雨水无法形成水滴，所以仍然能够保持清晰的视野。

同时，喷淋装置启动后，表面的污渍也一起冲洗干净，即使雨水干了以后，光催化玻璃的表面依然透明，始终保持着干净清洁的状态。希望还没有去参观过的人有机会一定去看看，亲身体验一下光催化的威力。

卢浮宫美术馆和学校等
也使用光催化自清洁钢化玻璃

巴黎卢浮宫美术馆的金字塔型入口处的玻璃，也使用了光催化玻璃（图 2-17）。

图 2-17　卢浮宫美术馆入口处的玻璃利用了光催化处理

现在,不仅已经开发出了玻璃专用的光催化涂层材料和薄膜材料,也可以使现有的窗户玻璃带有光催化功能。旭硝子公司❶的窗户玻璃专用涂层材料,使用了 TOTO 公司的 Hydrotect(光催化)技术。

另外,还有一种方法,就是在玻璃制造过程中,预先在玻璃的表面涂上光催化剂并烧结在一起,从工艺一开始就作为光催化玻璃处理。这种类型的处理方法,常常被引进到新建的高楼等建筑物上,与瓷砖等外墙建筑材料一起使用,使建筑物整体被光催化覆盖,**既降低了清洁成本,又能有效满足高楼管理维护费用低廉的需求**。

---

❶ 日本旭硝子公司,世界闻名的玻璃制造商,母公司是三菱集团(Mitsubishi Group)。

不仅如此,日本板硝子公司❶已经生产出了学校用的特制"光催化自清洁钢化玻璃"(图 2-18)。

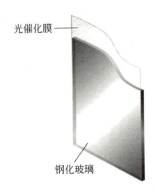

资料来源:日本板硝子株式会社HP

图 2-18 学校用的光催化自清洁钢化玻璃

安全第一是学校设施的基本要求,所以现在学校普遍使用安全性很高的钢化玻璃。学校作为环境教育和防灾的重要据点,未来,日本将会以"学校零能源化"为目标,出台一系列节能减排计划。

为了实现学校设施的零能源化,必须削减照明、冷热空调、换气等关联设备的能源消耗量,当然窗户玻璃也是重要的一环。

在既有的钢化玻璃的性能上,**导入光催化自清洁功能,就可以达到节能的目的**。此项导入也不难,可以在对设施进行抗震改造时同时进行。

通过学习,孩子们既了解了窗户玻璃上使用的技术,又提高了环境保护意识。这不是一举两得的好事吗?

不仅是日本国内,欧美的一些大型玻璃制造商也开始生产光催化自清洁钢化玻璃产品了。

例如,圣戈班公司生产的自清洁玻璃-生物清洁玻璃,以及皮

---

❶ 日本板硝子公司:著名的玻璃制造商。

尔金顿公司生产的 Active（活性）玻璃膜等产品广为人知，相信市场应用也会越来越广泛（图 2-19 介绍了光催化自清洁材料的应用实例）。

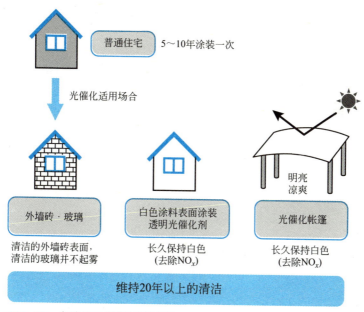

图 2-19　自清洁材料的应用实例

2.5 活跃于室内的可见光型光催化

"可见光响应型"光催化在内装玻璃上的应用

近年来,由于光催化技术的进步,对室内荧光灯等光源产生反应的**"可见光响应型"**光催化技术逐渐普及。这种高性能的光催化技术,是在日本大型项目"产学官"合作机制❶的基础上开发出来的。

根据可见光的种类,即使在太阳光照射不到的建筑物内部,也能充分发挥效果的光催化正不断被开发和应用。

谈到传统的光催化玻璃,一般都认为是外墙装饰用的不容易脏、不起雾又有自清洁功能的钢化玻璃。实际上,最近**室内装修用**的玻璃也有可能采用光催化技术。其中,**一种利用室内光,抗菌、抗病毒性能**良好的光催化玻璃已被开发出来,并开始产品化。

作为一种对可见光响应、高灵敏度的光催化材料,在氧化钛和氧化钨的基础上,与附着在表面的铜铁系的氧化物纳米簇配合,可产生高活性的光催化产品。当然还可以有其他组合方法,制备出各种各样的可见光响应型光催化材料。

世界首例!
日本制造抗菌、抗病毒玻璃

值得一提的是,目前正开发的**氧化钛和铜离子团簇构成的材**

---

❶ "产学官"合作机制:企业(产)、大学和科研机构(学)、政府(官)互相合作的机制。

料，是一种在可见光下具有良好抗菌、抗病毒活性的光催化材料。

尤其令人惊奇的是，通过控制铜离子的价态（即元素的化合价数值），即使在**没有光（即黑暗）的时候仍然能够发挥它的抗菌抗病毒活性**。这项技术属于在这一领域取得的重大突破，因此这种材料引起了广泛的关注。

实验室的数据显示，即使把表面附着有传染性病毒的玻璃放置在光照不到的地方，活性病毒浓度**1 个小时就会减少 4 个数量级（99.99%）**，如果放置在有光照的地方，则活性病毒浓度可以**减少 7 个数量级（%）以上**，效果良好。这些技术一旦成熟，类似医院、养老护理机构、保育院以及公共场所等一些对卫生环境要求较高的地方都可以采用这项技术，成果非常值得期待。

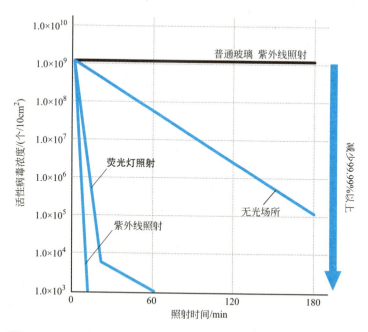

图 2-20　可见光光催化玻璃的抗病毒特性（资料来源：日本板硝子 HP）

这种产品，就是由日本板硝子株式会社销售的名为"病毒杀手"（virus clean）的世界首例**抗病毒玻璃**（如图2-20所示，可见光环境下的光催化玻璃抗病毒特性实例介绍）。

不仅如此，这种新型的光催化技术的应用，不限于玻璃，其他不特定的多人密切接触、传染风险很高的地方，如门把手、扶手等位置，都可以使用。

抗病毒窗帘、高附加值壁纸、百叶窗

室内装饰用的其他产品，诸如壁面、窗户等相关位置，光催化产品也很普及。

例如，市面上销售的一种表面进行了光催化处理的**抗病毒窗帘**，就可以降低感染病毒的风险。

光催化材料，采用了**昭和电工**[1]的"卢米勒"。实验结果显示，荧光灯和LED照明灯等室内光源，就可以**使99.9%以上的流感病毒和猫卡里西病毒**（诺如病毒的替代研究对象）**灭活**。

当光线照射在窗帘表面时，空气中的氧气和水分在光催化的作用下发生化学反应，所产生的活性自由基使病毒遭到攻击和破坏。这个过程中光催化材料本身并未发生任何变化，因而可以**长时间维持杀菌效果**。而且，由于经过工艺处理，即使窗帘用水洗，氧化钛也不会被洗掉。

壁纸产品，有经过光催化处理的土佐[2]和纸壁纸。

本来，和纸制作的壁纸就具有塑料墙布不具备的调湿性、调光性好，吸音功能优异的特点。经过**光催化处理的和纸**，进一步增强了它的除菌功能，还能**分解和消去空气中的有害物质**，具有

---

[1] 昭和电工株式会社：日本著名的综合性集团企业，生产的产品涉及到石油产品、化学产品、电子信息等多种领域。

[2] 土佐：日本高知县的旧称，盛产和纸。

除去烟味和宠物臭味的功能，成为一种拥有**高附加价值**的壁纸。

这是日本传统的和纸制作工艺与现代的光催化科学技术融合，生产出来的一种独特的产品。我相信，不仅限于一般住宅的窗帘，国内外的宾馆酒店、住宿设施等场所的窗帘也会逐渐导入这项技术。

与窗户相关的光催化产品中，百叶窗是较早就开始采用光催化技术的产品。**在百叶窗的叶片表面涂上光催化剂**，不仅可以分解、去除油污等有机物的污渍，还有**抗菌和消臭效果**，同时还能**防止发霉**。

岐阜县有家名叫 MOLZA 的和纸制造公司，生产一种带有氧化钛的和纸百叶窗，受到市场好评（图 2-21）。

资料来源：MOLZA 株式会社 HP
图 2-21　光催化和纸制作的百叶窗

最近，还出现了一种使用可见光响应型光催化技术，利用室内的光源取得防污、抗菌、消臭效果的百叶窗。

可净化室内空气的光催化空气净化器

目前为止介绍的室内装饰用玻璃、窗帘、壁纸、百叶窗等产品的抗菌、抗病毒、除臭、防污作用，都是在材料的表面涂上光催化涂层剂，达到分解和消除细菌、病毒、甲醛等有害物质的目的。如果从室内空气净化的观点来看，这种基于自然状态下获得的效果是一种被动方法。

与此相反，**空气净化器的过滤器对光催化的利用更积极、主动、有效**，使得室内的空气变得更加清洁。

现在，**光催化空气净化器**作为一款普通的家电产品，受到包括大金空调在内的各大家电制造商的青睐。最近，一些专业场所也开始利用光催化安装设置空气净化过滤器。如大学附属医院的解剖学教室、病理检查室、护理设施，食品加工厂，宠物商店，办公楼里的吸烟室等场所都能见到空气净化器活跃的身影，为室内空气的净化立下汗马功劳。

光催化空气净化器一般由四部分构成：①去除灰尘或粉尘的预过滤器；②将有害物质、恶臭、细菌、病毒等分解去除的光催化过滤器；③触发光催化反应的光源；④使空气产生循环的吸风风机（图 2-22）。

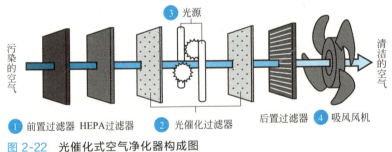

图 2-22　光催化式空气净化器构成图

为了提高空气净化性能，光催化空气净化器的过滤器一般会尽可能扩大表面积，增加和有害物质的接触效率。因此，过滤器一般会使用蜂巢状结构的纸质过滤器、陶瓷、玻璃纤维、多孔的铝基板等材质制成。在不同的材质上，采用不特定的方法涂上光催化剂。

由于光催化剂依靠其表面作用与有害物质产生反应，因此如何将有害物质捕捉到光催化剂表面，就显得十分重要。所以，过滤器上往往将**光催化剂和吸附剂组合**利用，才能更加有效地吸附欲去除的有害物质，提高光催化的分解效率。

其实，这里所使用的光催化剂和吸附剂的混合模式只是其中一个有代表性的例子。在光催化产品的开发应用中，与其他技术的结合使产品性能产生质的飞跃，已成为光催化产品市场化最大的特征。

光源方面，除使用黑光灯、水银灯、杀菌灯之外，很多时候也会使用 LED（发光二极管）灯。使用 LED 灯，不仅使**空气净化器本身变得轻薄**，而且也更**省电节能**。

相比于光催化空气净化器，传统的空气净化器无法分解吸附在过滤器上的有害物质，时间一长，不仅过滤器本身性能降低，而且过滤器上还会滋生细菌和病毒，并重新回到空气中，造成室内环境污染。但光催化空气净化器就不会发生类似的问题。光催化空气净化器自带**分解功能**，不会降低过滤器的性能，因而可以**长期保持室内空气清洁**。

TOTO 公司和笔者合作
解决厕所问题的缘由

在建筑物内部，譬如在一所人与宠物共生的房子里，要想生活舒适、空气清洁，室内除菌、消臭、保持干净整洁是必不可少的。

由于少子化和高龄化的影响，养猫和饲养小型犬等各类宠物的家庭越来越多。而高楼大厦等建筑物的密闭性很高，室内**除菌、消臭**等问题的解决之道就成为宠物主们的必然需求。

尤其是厨房、厕所等频繁用水的场所，保持干净清洁是舒适生活不可或缺的一部分。实际上，当初光催化应用开发的起因，还是 20 世纪 90 年代在东京大学藤岛研究室所在的工学部 5 号馆的厕所里。那时我就想能不能利用光催化技术让这个厕所更干净一点。于是我找到了卫浴陶瓷的大型制造商 TOTO，和东京大学共同开发解决这个问题。从那时开始，发展到现在，才有了光催化技术今天的成就。

现在，不仅住宅内的厕所，连公共厕所的小便器下面的瓷砖，都用的是光催化瓷砖。

特别是一些容易弄脏的地方，也是厕所的臭味之源，常常采用**专门的排污瓷砖**。这种带有光催化功能的瓷砖，广泛使用在学校、办公大楼以及车站等交通设施的厕所里。

另外，保育院、幼儿园等场所也使用这种瓷砖，还会在瓷砖表面刻上脚印符号。这也算是厕所礼仪教育的小小举措。

第 1 章也谈到过的，在防污、除臭的厕所用瓷砖的基础上，开发的大型瓷砖也取得了明显效果。现在，医院的手术室、车站内的墙壁以及一些商业设施内的厨房等场所，也都使用这种瓷砖。

光催化除菌消臭器"LUMINEO"

关于居住空间的除菌、除臭问题，不仅仅是光催化空气净化器，还有可以在更狭小空间里使用的、更小而且移动更方便的**光催化除菌消臭器 LUMINEO**。这种除菌消臭器采用 UVX 光催化技术，由 Maxell 公司生产（图 2-23、图 2-24）。

这种产品的特点，主要是使用了特殊细孔结构的光催化钛网。

光催化钛网的制作方法，主要是通过半导体加工，采用光刻加工技术，在很薄的钛板上开出一个个蜂巢状的孔，且从结构上能使从两面进入孔中的空气形成乱流。然后将多孔钛板电解氧化，表面生成氧化钛，再将氧化钛纳米粒子烧结固定。

LED 灯的光源隐藏在净化器里面，所以即使外形很小，但除臭效果依然超群。鞋柜、壁橱、厕所等臭味滋生的场所，无需特殊安装放置就可发挥作用。如果对汽车里的气味感到讨厌，也可以添置一个放在车里。

一些全球化的家电企业也对这个光催化钛网过滤器显示出浓厚的兴趣。因为它可以去除冰箱里的异味，尤其对去除韩国泡菜的味道效果明显。

住宅外墙上贴光催化瓷砖的地方也同样如此，不仅使墙面具有了光催化产品的功能，同时又强化了外观和设计感。建筑物内部使用的光催化产品也是如此。

资料来源：Maxell株式会社光催化除菌消臭器(LUMINEO)说明书

图 2-23 小型光催化除菌消臭器（LUMINEO）

图 2-24 LUMINEO 的内部结构（光催化钛网过滤器和紫外线 LED）

当初在东京理科大学的厕所里，我是希望通过光催化技术**改善生活，使生活更舒适方便**。如今这也算是印证了当初光催化技术产品化的出发点吧。在实现目标的过程中不断扩展产品的功能，从而涌现出了大批功能性和设计感两方面都优秀的产品，也是理所当然的。

作者纵谈

朝着"3F"努力！

以前，我和中国的年轻人谈过中国传统的舞台艺术——京剧。

京剧界有一句人人耳熟能详的口头禅，叫"台上一分钟，台下十年功"。

这句话的意思是，演员在舞台上演出，有时可能连一分钟都不到。但是，为了在观众面前演好这一分钟，可能需要在台下花费整整十年的时间去练功。而且，从最基础起步，日复一日训练不止，只有经过训练的人才能登上舞台，甚至最初只给很少的露脸时间。其实这也是所有行业共同的特点吧。田径运动员桐生祥秀100m跑出了9.98s的成绩，也是他日复一日努力训练，才取得这样优异的成绩。世上不努力就能出成果的事绝对是没有的，只有从基础起步每日坚持不懈地锻炼才可能成功。

"所谓'锻'，就是**3年不休息认真训练**。那么又怎么做到'炼'呢，那恐怕就得**30年不松懈持之以恒**了。"

这是宫本武藏在《五轮书》的《水卷》中告诉过我们的。

我认为铭记"3F"是很重要的。

跟藤岛的第一个字母一样也是"F"开头的，这三个英语单词我认为最重要的是"**Fight**"。也就是，首先要从心理上积极地考虑做点什么。

其次是"**Fair**"。任何事都不能有失公平原则。

最后是"**First**"。就是说作为一个人要成为一流的人。

就这些：拥有 **Fight**，常常 **Fair**，最终成为人群中的 **First**。这个"3F"，与君共勉。

第3章

在机场和新干线等场所如何普及光催化技术?

3.1 活跃在机场、空运货物等航空场所的光催化

中部国际机场内
17000m² 的玻璃上采用了光催化技术

在第 2 章中,已经介绍过在东京理科大学葛饰校区的图书馆楼一楼,设置有理科大学科学展览馆,其中可以体验光催化玻璃窗上的自清洁效果。

这种光催化玻璃,最近被应用到航空枢纽的机场航站楼上。

例如,第 2 章的图 2-14 所示,**中部国际机场**(新特丽亚)中,面向跑道的 **17000m²** 的**玻璃**上就利用了光催化技术。

下雨的时候就会发现,这种玻璃和普通玻璃截然不同,完全见不到水滴,窗外的景色一目了然。由于玻璃不容易脏,所以清洁次数大大减少,因而清洁用水也很节约,与中部国际机场所倡导的节省能源、资源的理念不谋而合。

还有,**北九州机场的航站楼主楼**,由于飞机排放的尾气等原因,导致航站楼外观很容易脏。为了减少清扫的麻烦,保持外观干净清洁,所以部分玻璃也采用了光催化玻璃(图 3-1)。

资料来源：TOTO公司面向客户的环境通讯期刊Vol5 HP

图 3-1　北九州机场航站楼主楼（光催化玻璃）

此外，**成田国际机场**第一航站楼屋顶也采用了光催化帐篷（图 3-2）。在海外，越南首都河内的**内排（Noi Bai）国际机场**第一航站楼利用光催化抗菌除臭，取得了明显的效果（图 3-3）。

资料来源：太阳工业株式会社HP

图 3-2　成田国际机场第一航站楼（光催化帐篷屋顶）

资料来源：Noi Bai International Airport HP
（内排国际机场 HP）

图 3-3　内排国际机场第一航站楼（越南）

北海道**新千岁机场**中航站楼主楼厕所的瓷砖和传统的相比，使用了抗菌、抗病毒性能更高的光催化瓷砖和大型陶瓷贴片后，除臭效果明显，维护也更方便省力了。

抗流感病毒有效果

在新千岁机场，作为流行病预防措施的一环，利用光催化技术对新型流感病毒的灭活进行了大规模的测试验证。

在机场二楼大厅的各处，设置了 300 台以上搭载紫外线 LED 的空气净化系统，甚至所有的空调都装上了光催化过滤器。

试验结果证明，光催化在实验室阶段抗菌、抗病毒性能可以**达到 99.99% 以上**的效果，即使到了机场航站楼主楼这样的现实空间里，仍然拥有非常良好的抗菌、抗病毒性能。因此，今后各地的机场导入光催化技术指日可待。

像机场航站楼这样的地方，每天人来人往，大量的流动人群在此交汇，传染病暴发的风险以及人们对风险的担心都是很大的。作为一项**游走在传染病边缘、可防止传染的对策**，希望光催化技术能做出一点贡献。

日本国土交通省航空局的资料显示，为了实现环保机场的目标，已明确机场内的各个角落都将导入光催化技术的方针。

世界首例光催化用于航空运输

水果、鲜鱼、花卉等各种各样的生鲜食品都要通过航空货物的国内线或国际线运输。生鲜食品的运输最重要的一点，就是要力求保持新鲜。

众所周知，一些蔬菜和水果，在运输过程中其自身呼吸时排放出来的乙烯气体，会很快降低蔬菜和水果的新鲜度。

其他商品也一样，空气中存在的霉菌及细菌类物质一旦增加，也会很快造成食物腐烂，甚至产生臭味。

为了减少这类问题的发生，尽可能在空运过程中保持生鲜食品的新鲜度，**带有光催化功能的航空集装箱**（空运货物）应运而生。

JALCARGO 公司❶，从 2004 年开始就采用光催化集装箱运输了。

这样一来，譬如早晨在佐贺县采摘的很成熟的草莓，就可以搭上福冈—羽田之间的航空货物航班，当天傍晚就能摆放在东京都内的各大超市门店里了。

这是**世界首个将光催化技术导入航空运输的案例**。为了宣传这种运输方法，航空公司还特地制作了新的符号标志。从今以后，就可以将日本产的高级水果，如草莓、甜瓜、樱桃、桃子、苹果等运往经济高度成长的亚洲各国了。

❶ JALCARGO 公司：一家日本航空运输公司。

3.2 活跃在新干线等铁路系统的光催化

什么是陶瓷光催化过滤器

第 2 章中已经谈到,可以被称为光催化式空气净化器心脏的光催化过滤器,其制作材质各种各样,其中专用的过滤器,普遍采用陶瓷材料制成。

陶瓷制作的光催化过滤器,由于工艺的优化,即使性能因污垢退化了,只要洗干净还可以再使用。如果长时间使用,也可以降低运营成本。因此,到目前为止很多地方就使用了这种光催化过滤器。

一些气味不太浓烈的场所,如医院、福利院、宾馆、酒店、餐厅、办公室、仓库等地方都安装了这类光催化过滤器。

还有另外一些地方,如研究所的动物实验室、食品加工厂、垃圾处理厂、动物园、家畜粪尿处理设施等气味浓烈的地方也安装了这类光催化过滤器。

各种类似这样的场所,在安装光催化过滤器时,要根据待处理对象的不同,如恶臭成分以及产生的状况等实际情况,设计切实可行的过滤器。

活跃在"希望号 N700 系"吸烟室内的光催化空气净化器

与盛和工业共同开发的**光催化空气净化器**,现在活跃在各种各样的场所。由于安第斯(Andes)电气公司的大力协助,现在还装在东海道的山阳新干线上了(图 3-4、图 3-5)。

图 3-4 新干线的吸烟室

图 3-5 新干线吸烟室的空气净化器的过滤器部分

东海道山阳新干线的车内全面禁烟,虽然部分车厢连接处设计了吸烟室,但如果烟雾和烟味从吸烟室飘出来,渗漏到车厢里,那全面禁烟也就失去了意义。

因此,设法去除吸烟场所的烟雾和烟味,就成了急需解决的最重要课题。

从大的时代背景看,被动吸烟危害健康已经成为众所周知的事实。分烟意识(划分吸烟与禁烟的地方和时间段)的高涨也是一个不可忽视的因素。

而且,人们坐火车,不单是为了到达目的地,还希望拥有一个健康、舒适的移动空间。所以这是探讨安装高性能空气净化器的最大原因。

传统的分烟对策,一般是采用电子集尘器。虽然肉眼所见的烟雾都可以去除,但无法去除烟雾中所含的氨和醛类等有害物质。

与此相反,光催化方式的空气净化器,可以**分解去除这些气**

体成分。所以新干线的吸烟室才安装使用了光催化空气净化器。乘坐新干线时一般情况下完全感觉不到它的存在，但实际上隐藏在吸烟室天花板里的空气净化装置的过滤器表面正发生光催化反应，使空气始终保持干净清洁的状态。

为了让新干线安全舒适地行驶，有很多的人在背后努力工作，确保各个环节正常运转。我作为其中的一员，也感到很自豪。

站台屋顶和白色帐篷

最近，部分车站的站台屋顶以及一些车站前广场上通道的屋顶等，陆续开始使用白色的帐篷。

例如，东急田园都市线的二子玉川站、高津站，东急东横线的元住吉站、筑波快线的流山大高森林站，JR 磐石站等很多车站都采用了白色帐篷（图 3-6）。

资料来源：太阳工业株式会社HP

图 3-6　JR 磐石站的帐篷屋顶

在白色帐篷的屋顶下，整个站台显得明亮整洁，减少了灯光照明时间，既节能又环保。

而且，由于白色帐篷屋顶的日光反射作用，即使是夏天站台内的温度也不会上升很高。

但是，以前的站台是不怎么使用白色帐篷的。一是白色比较容易脏，污渍黏附在上面也影响美观。虽然白色帐篷看起来明亮整洁，夏天又有降温效果，但容易脏这一缺点掩盖了白色帐篷的所有优点。

因此，通过对帐篷膜材表面进行光催化涂层，使帐篷自身带有自清洁功能，从而突出白色帐篷的优点，扩大了轻便结实的帐篷的可使用范围。

另外，铁路的车站大多设置在周边道路集中的地方，车流量大，空气污染相对严重。这也是光催化最能发挥作用的场所，分解去除汽车尾气中含有的氮氧化物（NO_x），使空气变得干净清洁。如果能在车站改造时，将光催化技术也整合到一起，光催化的应用今后将会更加普及。

帐篷膜材在建筑设计上，具有一种灵活、自由的独特优点。以白色为基调的个性化站台在全国各地遍地开花，也算是为日本的都市景观增添了一抹明亮的色彩吧。

"光催化涂料"使车站变美

由于车站前来往的车辆多，车流大，车站的墙壁常常很容易变脏。因此，几年前开始，我们一直在对光催化涂装面的美观问题进行研究比较。

有几家公司在JR广岛站做了涂装实验，使用的**光催化涂料**效果明显。

用于车站内的厕所

公共设施中的厕所要保持干净、舒适是一件很困难的事情。其中,最令人诟病的就是车站厕所的臭味。如果干净、舒适的厕所不断增多,到 2020 年东京奥运会、残奥会召开的时候,也是一项提高日本形象的举措。

目前为止,已经导入光催化功能的厕所都是 TOTO 公司的技术,有东海道山阳新干线的新大阪站(图 3-7)、东急东横线的自由之丘站、东京地铁丸之内线中野富士见町站等几家。

资料来源:TOTO株式会社HP

图 3-7 东海道山阳新干线新大阪站内的光催化厕所

导入光催化后,人们都说厕所的臭味少多了。厕所本来就是个特别容易脏的地方,这样一来不仅减少了清扫次数,又降低了维护成本,解决了一个大难题。如果再附加自动清扫等功能,将来还有很大的发展空间。

3.3 光催化让路面和道路周边干净整洁

提高排水效果的高性能铺装道路

近来,一种新型的高性能铺装技术走进了人们的视线。

开车的人也许已经注意到,下雨天在高速公路上行驶,车辆过处水花飞溅,道路前方雾蒙蒙一片,视野很差;而在某些区间,道路表面没有一点积水,也没有水花飞溅的现象,视野良好。这就是被称为**新型的高性能铺装技术**,其铺装的道路表层部分比传统的铺装缝隙多,提高了道路的排水性。

下雨天,路面不会积水,雨水都通过缝隙渗透到地下去了。汽车卷起的水花大幅度减少,开车时前方视野良好。

新型高性能铺装道路的好处远不止这些。车流量大的路段,行驶中的车辆产生的噪声会对周边环境造成局部污染。采用这种高性能铺装路面,不仅可以吸收汽车的噪声,还能达到环保的效果。

净化路面空气的道路光清洁施工法

这种高性能的铺装技术,现在又有了升级版。**这种优良的技术就是利用光催化,能使路面上空气洁净的光清洁施工法。**

在排水性能良好、缝隙较多的高性能铺装路面上,采用特殊的水泥类固化材料,再进行光催化涂层处理,就可以分解和去除汽车排放的尾气中含有的氮氧化物(NO_x)等污染物。

汽车排放的尾气在扩散到空气中之前，马上就被附近的地面吸收和处理，将污染物去除。这真是个极好的主意。

虽然已经是很久以前的事了，当年开发这一技术的FUJITA道路建设株式会社还获得过**日经BP技术奖**[❶]（2004年）以及日本**第一届生态产品大奖**（2004年）。

无需特别维护管理的 NO_x 削减法

NO_x 是空气中最主要的污染物，主要包括一氧化氮（NO）和二氧化氮（NO_2）。

在大气污染的实时监控中，常常显示的是两者的合计数字。汽车排放的尾气中的 NO_x，被涂在路面上的光催化剂和太阳光照射的共同作用下被氧化。光催化载体的主要成分是钙，NO_x 与钙生成化合物后，作为中性的硝酸钙，暂时被固定在道路表面。

等下雨后，硝酸钙遇水分解成无害的硝酸根离子和钙离子被雨水冲走，道路表面恢复到原来的状态。

道路光清洁施工法的最大特点，就是一旦施工完成后，**就不再需要电力等动力进行维护管理**。使空气保持干净清洁的能源，全来自外装用的光催化瓷砖，以及太阳光和降雨等大自然的力量。

还有一点值得肯定的是，道路表面进行光催化涂层后，提高了道路表面的耐磨损性。

道路光清洁施工法是日本国内企业联合起来，共同开发的日本独有的技术。到目前为止，已经在环线7号线、明治大街（东京都）、国道14号和16号、县道市川浦安线（千叶县）、埼玉新

[❶] 日经BP技术奖：日本BP社为表彰对产业和社会带来重大影响的科技工作者而设立的奖项，每年评选一次。日经BP社是日本规模最大的出版社，隶属于世界最大的综合信息机构之一的日本经济新闻集团。

都心内、冰川神社的进路（埼玉县）、尼崎市元浜绿地内（兵库县）等道路上铺装使用。

甚至在海外，像巴黎（法国）、贝尔加莫（意大利）、安特卫普（比利时）等一些城市也得到了实验验证，据说也取得了良好的业绩。

俗话说，条条道路通罗马。过去的罗马人梦想着在罗马帝国的每个角落都铺上行军道路，我也梦想着有朝一日，世界上所有的道路路面上，都因为使用光催化技术而使空气更清新。

避免隧道拥堵，安装光催化隧道照明器具

上信越高速公路，是为了配合 1998 年的长野冬季奥运会而修建的。那是首次**将光催化技术用于隧道内的照明器具上**。

平时开车通过高速公路的隧道时，对隧道内的照明器具留心的人大概是比较少的。但如果经历过隧道附近实施交通管制，遭遇过隧道内交通拥堵的人，估计马上就会想起来吧。

汽车排放的尾气中不但含有 NO_x，也包含了油污和碳烟等，导致隧道内的照明器具裹上一层灰尘，又黑又脏，降低了灯具亮度，使隧道变暗。

黑暗的隧道容易引发交通事故。为了安全，需要定期打扫灯具上的灰尘。一旦有人清扫隧道，就要采取交通管制措施，封闭一条车道，道路变窄必然造成拥堵。所以清扫作业的工作人员经常与危险相伴。

为了改变这种状况，以日本道路公团的相马隆治先生为中心的团队提出，将隧道内的照明器具的外罩玻璃，改为带有光催化自清洁功能的玻璃罩。通过实验验证后，首先在长野奥运会的时候应用成功。1996 年，我们的研究小组因为这个成果，还获得了普通社团法人照明学会颁发的"日本照明奖"。

刚开始搞应用研究的时候，也听到了一些评论我们的声音，什么"只不过是一项使污渍氧化分解后减少的技术"或"搞的是世界上可有可无的技术"。现在，我们知道了这项技术不仅可以**避免高速公路堵塞，还能保障工作人员的安全**。这项成果同时是鼓舞了我们研究小组进一步推广应用研究的动力。

照明器具自带发光的光源，而光催化反应必须有光，二者的天作之合，在高速公路隧道内自清洁的硬指标下被验证有效。从那以后，光催化在照明器具上的防污去污效果，被广泛应用到各种道路的路灯和街道照明灯等**室外照明器具**上。

根据这个事例，当时东芝莱特克（Toshiba Lighting & Technology Corporation）公司以石崎有义为首的研究小组通过研究，在荧光管表面涂上光催化薄膜，开发出了**新型光催化荧光灯**。这种灯现在仍在市面上销售。

对公路两侧的遮音壁、道路标识、广告牌等大有用武之地

隧道内的照明器具，由于其本身自带光源，可以取得光催化反应的效果。除此之外的道路周边，由于照明器具的材料各种各样，就只能利用太阳光和降雨这两个大自然的能量，获得光催化反应的效果了。

例如，有些高速公路两边设置的聚碳酸酯（简称 PC）制的透明隔音墙。透明的墙对乘坐汽车的人以及对周边居民来说，可以确保视野开阔，也能降低压迫感。

但反过来，因为透明，一旦被汽车尾气等污染物弄脏，反而有损视野，影响美观。这种事例屡见不鲜。

类似这样的场所，如果进行光催化涂层处理，使隔音墙自带自清洁功能，就可以始终保持干净清洁，确保视野开阔。同

样的道理,容易脏的道路标识牌、视线引导标志板以及道路反射镜,甚至道路两侧的指示牌等均可以采用光催化涂层处理(图 3-8)。

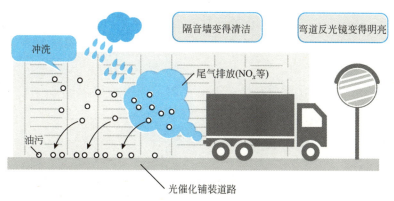

图 3-8　路面上及道路两侧的各种应用场所

今后,还可以期待将光催化技术进一步应用在转弯处的反射镜上。转弯处的反射镜,在下雨、下雪、有雾等天气情况下很容易镜面模糊,难以确保视野清晰。从提高交通安全性的方面来看,这也是一个很重要的光催化应用领域。

"桥梁膜材施工"使高架桥下变成明亮欢快的休闲场所

罗马人希望在罗马帝国的各个角落都铺上行军道,其中架桥自然是个不可缺少的要素。到了现代,道路畅通、遇水架桥的重要性仍然不曾改变。而且,在现有的道路上架设高架桥,使道路变成多层立体道路的也不在少数。

这样的高架桥,为了安全,维修保养和保持美观不可或缺。但实际上,由于污渍和老化,很多地方变得阴暗、荒凉,甚至成了危险的地方。这也使周边街道的景观给人们造成一种阴暗的印象。

我在想，东京都内随处可见的如首都高速、所有通往东京奥运会的高速公路，能否都变成视野清晰、景观明亮的高架桥。

实际上，这个课题的解决对策之一，就是由太阳工业株式会社提出的独特方法——利用光催化涂层膜材的"桥梁膜材施工（膜式桥梁外装施工法）"。这种方法已投入应用。

关于光催化膜材，已在第 2 章建筑领域的应用中进行了介绍。从日本到世界各国，膜材普及应用范围很广，白色的、形状自由的膜材受到对设计要求很高的美术馆、商业设施、公共设施等场所的青睐。

高架桥也一样，传统的高架桥由铁等金属制成，给人的印象是赤裸裸的、无机质的、灰暗的。如果采用白色的曲面膜材，就可以使高架桥的景观看起来轻快、明亮、舒适。

而且，轻便柔软是膜材最大的特点。使用膜材可少用柱子支撑，便于进行全方位施工。

城市的景观，对居住在当地的居民和拜访当地的旅行者会产生很大的心理影响。因此，在对个别的桥梁或者高架桥下的景观进行改造前，我认为应该从城市整体的基础设施规划设计出发，站在大局的高度进行全面的考量。这是很重要的。

"桥梁膜材施工"的 3 大优势

归纳整理"桥梁膜材"的优点后，发现它在改善环境方面有以下 3 大效果。

（1）膜材自带光催化的自清洁效果，不易脏、保持白色不变色，且光反射率高，**使得高架桥下的空间整体给人一种明亮干净的印象**（图 3-9）。

用了桥梁膜材施工 没用桥梁膜材施工

资料来源：太阳工业株式会社HP

图 3-9 "桥梁膜材施工（膜式桥梁外装施工法）"的优点

（2）用膜材将高架桥包起来，可以**降低汽车呼啸而过的噪声**，而且由于风随着膜材的曲面流畅地吹过，还降低了**风切音**（风呼呼吹的噪声）。

（3）具有去除汽车尾气中含有的氮氧化物、**净化周围空气**的效果。

另外，在**耐久性和安全性**上，桥梁膜材施工也有以下优点：① 用膜将桥梁包起来以后，金属部分可以**防止生锈**；② 膜可以遮挡紫外线，所以桥本身的涂装老化速度减慢，减少了翻新涂装次数，**降低了维修成本**；③ 膜材内部每个角落都很明亮，**维修保养等很方便**。这种施工方法，已经获得了日本国土交通省和首都高速公路的认证。

现在，更受关注的是**膜材和照明的结合**。

世界各地建造的膜结构建筑物中，利用膜材柔软、透光的特性，提高夜间的灯光照明或映像投影等效果，在应用中演绎出膜材特有的存在感。

关于"桥梁膜材"的应用，今后也许还可以结合夜间的照明效果，把城市的夜空变得更加明亮。

光催化车门后视镜已成丰田高级车的标配

虽然光催化在道路和道路周围的应用广为人知，实际上在汽车车体上的应用也很多。

其中之一，就是**车门的后视镜**。下雨天，汽车车门的后视镜会集雨起雾，导致视野模糊，无法看清。无论从安全性考虑，还是从驾驶的舒适性考虑，都是一个不得不解决的问题。

由于光催化的超亲水性效果，后视镜上无法形成水滴，镜面不会起雾，可以始终确保良好的视野。

而且，即使在灰暗的地方，由于添加了亲水性比较好的"硅胶"，即使光照射不到，也能保持**防雾效果**。现在，光催化车门后视镜已成**丰田汽车高级车的标准配备**，甚至还开始普及到其他汽车厂家的普通车上了。

本来光催化的自清洁效果最初是用在建筑领域的，现在汽车的车身涂装领域也开始使用不易脏的光催化涂层。但是，光催化在家用小汽车上的应用，需要解决的问题还很多。所以车体上的光催化涂层处理，还是建议先从巴士和卡车开始为好。

车内的空气净化问题，已在第 2 章中介绍过一种尺寸不大、可以手提的**光催化空气净化器，搭载车用转换器使用**。

在空中运输行业，也介绍过一种带光催化功能的集装箱，可以保证空运过程中水果、花卉等生鲜品的新鲜度。同样，这一技术也应用到了卡车上，以确保陆路运输时生鲜产品的新鲜度。

作者纵谈

读书是最好的灵感之源

现在被称之为信息化社会，网络、报纸、电视、杂志等到处都充满了各种信息。越是这样的时代，越是要有意识地留出一个人安静地读一本好书的时间。

我感觉各种各样的灵感，只有在这个时候才迸发出来。

2017年，岩波文库迎来了创刊90周年的日子。作为纪念活动的一个环节，《图书》杂志的临时增刊号刊行了《我的三本书》。

我也推荐了伽利略、寺田寅彦、法拉第等的三本书。社会各界的200多人都写了自己的读书感想，进一步促进了整个社会的读书热情。

为了使东京理科大学的学生们增加读书的亲近感，神乐坂校区的食堂一角设立了"新书文库"图书角。

设立"新书文库"的目的，是希望大学生们关心社会上发生的各种各样的事情，并以此作为一个读书的切入口，继而热爱读书。

没想到"新书文库"受到学生们的热烈欢迎，所以野田校区、葛饰物校区也相继设立了"新书文库"图书角。

为了使孩子们从小养成读书习惯，从读书中培育科学之心，我还出版发行了《想和孩子一起读的科学书籍》（东京书籍，2013年）。直到现在，我还会将书中介绍的一些科普图书，成套赠送给小学生们。

第4章

光催化的 6大功能及其 日常系列产品

4.1 光催化的6大功能是什么？

氧化分解能力和超亲水性

光催化的一大特点，就是当接收光照时**材料表面会发生反应**。

光催化技术的应用产品群中发生的光催化反应，大致可分为两大类。

第一种，是将材料表面附加的有机物进行**氧化分解**的反应（参照图 1-1）。

这种反应的力度很强，只要是有机物，不分对象一律产生反应，直到**最终分解成二氧化碳和水**，这是这类反应最大的特点。

另外一种，是将材料表面的性质转化为**超亲水性**后发生的反应。

所谓超亲水性，是一种与憎水性正好相反的性质，即材料表面不会形成水滴，而是形成一层薄薄的水膜扩散到整个表面。

让我们运用这两种反应，创造一个绿色的环境！告别20世纪型对破坏环境难辞其咎的科学技术，创造21世纪型绿色化学之一的光催化科学，并让它成为实际的产品为人类的健康和幸福发挥作用！这就是所有的光催化产品的制造理念。

于是乎，产业界涌现出了一大批赞同这个理念的人，制造出了各种各样的产品群，光催化才成长为今天这样的行业规模。

这些产品群，主要分为自带清洁功能的自清洁产品群，以及清洁周围环境的产品群（参照图 1-2）。

光催化的 6 大功能和转折点

如果从功能上把这些产品进一步分类的话,主要有自清洁的产品群,可分为三类:①抗菌、抗病毒;②防污;③防雾(不过,正如后所述,抗菌瓷砖等产品,不仅有自清洁功能,还有灭菌效果,可减少空气中的浮游菌)。

与此相对应的,是能使周围环境变得干净清洁的产品群,它们有:④除臭;⑤净化空气;⑥净化水等 3 大功能。

除臭也好,净化空气也罢,在使空气变干净(air purification)这点上虽然都是一致的,但要去除的目标物质和场所不同,这点要分清楚。

表 4-1 中归纳了不同功能的光催化的使用环境以及与所利用的光之间的关系。

表 4-1 "6 大功能"与所使用环境及所利用的光的关系

使用环境	利用的光	6 大功能					
		自清洁			净化环境		
		抗菌抗病毒	防污	防雾	除臭	净化空气	净化水
室外	太阳光		○	○		○	○
室内	微量紫外线(含照明)	○		△	△		
	近紫外线(专用光源)	○			○		○

回顾 30 多年光催化应用研究的历程,能走到今天,其实中间也遇到过各种各样的转折点。正是有了基础研究的重大突破,才有了应用研究的加速发展和功能的扩大。

与现在各种各样的产品群相关联的**第一个转折点**是,传统的方法是将氧化钛的光催化剂粉末混合在水里，用强烈的光照射。现在采用的则是找到具体的目标，**将氧化钛变成氧化钛薄膜，在玻璃、瓷砖、纸等材料的表面进行涂层，这一处理方法即使光线很弱，效果也很明显。**

所想到的处理目标物，就是细菌、病毒、恶臭物质、慢慢积累的油污等（图 4-1）。

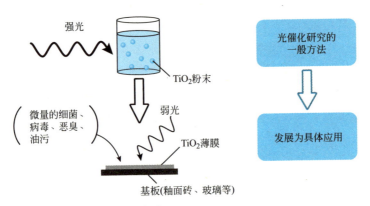

图 4-1　光催化研究的推移过程

实践证明，光催化对这些目标物的处理效果很明显。**在不断改进工艺、推进产品化的过程中，为了在光照射不到的地方也能发挥光催化效果，我们发现了超亲水性**这一光催化全新的性能。

这一发现全面提升了材料表面的防污能力。正如第 1 章中介绍过的，它使得光催化技术一步跨越到了建筑领域。

将氧化钛粉末浸渍负载在纸上，分解恶臭物质、香烟的烟味、烟油，这一研究直接使空气净化器的过滤器进入实用化产品阶段，成为陶瓷等其他材料的**光催化过滤器的先驱**。

世界首例用于普通住宅——
笔者私宅的光催化外墙!

在开发瓷砖、帐篷膜材等这些带有自清洁功能的建筑材料过程中,我发现它们不仅可以分解污渍,还可以**将空气中的有害物质也一并去除**,同时这一技术也可以拓展到道路铺装上,净化道路周边的空气。

我们家的房子外墙,是**世界首例将光催化涂装技术用于普通民宅(图 4-2)的涂装**。有一阵子甚至还有人坐着旅游巴士来观光呢。不过令我欣慰的是,自己家的外墙不但始终很干净,还能分解空气中的有害物质,而且房子周边的空气都变得干净了。

图 4-2 光催化涂装用在笔者家房子的外墙上(世界首例用于普通民宅)

水的净化虽然还有很多尚未解决的问题,不过在农业生产方面,光催化已经在番茄等**水耕栽培作物的营养液净化**方面初见成效。

光催化就是在不断开发进步中,一步 步发展到如今拥有"6 大功能"的产品群。下面就逐项介绍分散在各个领域的产品。

4.2 6大功能之 ❶ 抗菌、抗病毒效果

耐药性细菌急增、持续高涨的病毒感染症威胁

现在，由于抗生素的滥用导致对抗菌剂（抗生素）不起作用的耐药性细菌蔓延，已成为国际社会的一大威胁。

WHO（世界卫生组织）已公布了12种耐药性细菌清单，并特别要求优先研究开发针对它们的抗菌新药（表4-2）。

表4-2 WHO公布最需要优先开发研究新抗生素的细菌及其耐受的抗生素清单

优先级：关键
• 酶鲍曼不动杆菌（碳青霉烯类）
• 绿脓假单胞菌（碳青霉烯类）
• 肠杆菌科细菌（碳青霉烯类）
优先级：高
• 屎肠球菌（万古霉素）
• 金黄色葡萄球菌（甲氧西林，万古霉素）
• 幽门螺杆菌（克拉霉素）
• 弯曲杆菌属（氟喹诺酮）
• 沙门氏菌（氟喹诺酮）
• 淋病奈瑟氏球菌（头孢菌素，氟喹诺酮）
优先级：中等
• 肺炎链球菌（青霉素不敏感）
• 流感嗜血杆菌（氨苄青霉素）
• 志贺氏菌（氟喹诺酮）

资料来源：《日本经济新闻》2017年4月17日朝刊27页

另外，由于新型流感病毒、诺如病毒等引起的传染病流行，埃博拉出血热、艾滋病等新型传染病的流入，生物恐怖威胁和传染病的

危险性已成为我们切身的问题,也成为国际社会亟待解决的问题。

对于这些传染性的疾病,比治疗更重要的是预防。现在,国际机场等重要的边境口岸,都采取了防止埃博拉出血热等传染病输入的预防措施。

在这样的情势下,研究人员开发出了一种**在室内可见光下也能有效抗菌、抗病毒的新型光催化材料**。前面也介绍过,这种材料已在机场进行过大规模的实证和应用。

既可抗细菌病毒又能分解去除有机挥发物

引发传染病的细菌和病毒的最大区别就是直径的大小不同。

相比于直径 1~10μm(微米)大小的细菌来说,病毒的直径只有不到它的五十分之一,大约只有 0.02~0.2μm 的大小。

细菌属于单细胞微生物,可以自己繁殖。而病毒是由核酸和一层包裹着它的膜构成,结构简单,**如果不寄生在其他的生物(宿主)上就无法繁殖**(图 4-3)。

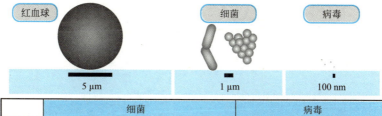

	细菌	病毒
大小	1~10 μm	0.02~0.2 μm (20~200nm)
生命活动	自行生长繁殖	寄生繁殖
核酸	DNA和RNA两者	DNA或RNA中的一种
构造	单细胞的微生物	核酸以及包裹的蛋白质外壳
感染症	食物中毒(大肠菌、葡萄球菌、萨尔莫内拉菌) 肺炎(肺炎球菌、结核、绿脓菌) 性病(衣原体、淋病) 机会性感染(绿脓菌、沙雷菌、葡萄球菌)	流感病毒 风疹、水痘、带状疱疹 感冒(雷诺病毒、RS病毒) 胃肠炎(诺罗克病毒)

图 4-3 **细菌和病毒的特点**

譬如流行性感冒病毒，当病毒寄生在宿主细胞（传染）上时，病毒表面的血凝素（HA）蛋白质，首先被吸附到宿主细胞上。

从光催化反应的氧化分解效果看，一旦使 HA 蛋白质产生变性，流行性感冒病毒就无法吸附在宿主细胞上，也就无法达到病毒侵入宿主细胞繁殖自身核酸的目的（站在人的角度就是传染）。

因此，从病毒灭活（无法传染的状态）的观点来看，这个阶段就是光催化反应使病毒灭活的过程。

但是，光催化反应的特点，是从这个阶段**进一步分解病毒膜结构，进而破坏其中具有遗传信息的核酸（RNA），最终彻底分解产生病毒来源的有机物**（图 4-4）。

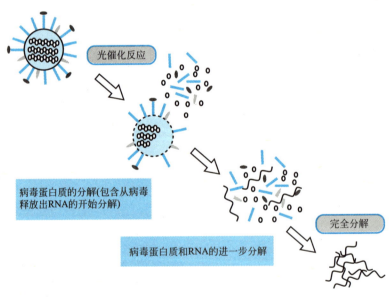

图 4-4　光催化反应使病毒灭活的过程图

即使面对比病毒大 10 倍以上的细菌，光催化所拥有的强大的氧化分解能力，也能使细菌灭活，并且与一般有机物一样，最终被**完全分解**。

图 4-5 为氧化钛薄膜上大肠菌的灭菌过程示意图。

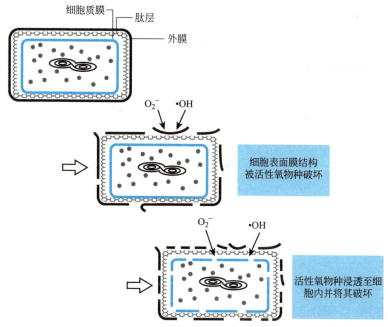

图 4-5　光催化杀灭大肠菌的过程

由于光催化的反应机制与其他的抗菌、抗病毒剂不同，**非特定的对象（非选择性）**也可以取得效果，最终的结果就是**不易产生耐药性细菌**。

因此，对于因各种耐药性细菌导致的医院、护理机构等场所发生的院内感染问题，根据光催化反应的灭活效果来看，基本上 2 小时后都会**减少到检测的极限值**（图 4-6）。

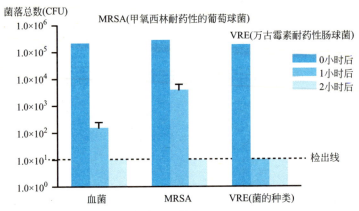

图 4-6 光催化试样对细菌的灭活效果

这是采用**可见光响应型光催化技术**而取得的成果，这一结果表明，即使在太阳光照射不到的**室内环境**下光催化也仍然有用武之地。

但是，对于实际的产品而言，还需详细调查使用的环境以及使用状况，关于抗菌、抗病毒效果，是只需要灭活就行，还是灭活菌也不能残留直到彻底分解，使表面保持干净清洁的状态等等，只有事先明确目的，才能得到最佳的效果，这点尤为重要。

防污、灭菌、防臭效果超群的光催化瓷砖

瓷砖是光催化应用研究推出的产品中最早问世的产品之一。

最初是希望光催化能在光照射不到的地方也可以发挥作用，于是将抗菌金属附着在涂装了光催化剂的瓷砖上，即利用光催化的还原反应，将抗菌金属固定在瓷砖表面。

在此基础上，研究人员继续探索在暗处也能发挥抗菌性能的产品，并且开发了光照后能进一步提高抗菌效果的**耦合型产品**。

于是，研究人员尝试将这种瓷砖运用到浴室的地板上，发现这种瓷砖对去除会产生细菌的污渍有良好的**去污效果**。另外，用

在医院的手术室里，它也取得了令人吃惊的效果。它不仅能去除瓷砖表面的细菌，甚至对空气中浮游的菌种也有作用，**使得菌群急剧地减少了**。因此，这算是光催化应用率先开发的产品。

至于"可见光响应型"光催化瓷砖，研究人员在横滨市立大学附属医院的厕所装修时进行过实验，主要对细菌数和氨气量进行了比较评估。

实验结果表明，不管是**细菌数还是氨气量，都能维持 90% 以上的抑制效果，在取得抗菌效果的同时，除臭效果也很明显**。

这是因为，只要细菌不繁殖也就不会被分解，因而产生的氨气量就很少，臭味被抑制住了。

可见光就 OK！
强抗病毒的光催化玻璃

外装用的光催化玻璃，主要以带自清洁功能的产品为中心，而室内用的抗菌玻璃制品还没有什么进展。在实验室阶段，光催化玻璃虽然显示出了良好的抗菌性以及有机物分解活性，但在实际的使用环境下，在室内安装使用还是不能充分发挥其应有的效果。

于是，开发一种能利用室内照明器具的光源、具有优良光催化性能的材料便成为一个紧迫的课题。

在相关材料的探索过程中，研究人员发现了一种新型的玻璃。将**铜的氧化物以岛状**涂敷在光催化玻璃上，除了分解有机物活性之外，还可以使玻璃具有**可见光响应型的高抗病毒性能**［日本板硝子株式会社的"病毒杀手"（virus clean）］。

这种产品的可见光透过率、反射率跟一般的浮法玻璃差不多，作为内部装修用的建筑材料，具有足够的**透明性**和**设计感**。相信不远的将来，会在医疗、护理、公共设施等对环境卫生要求较高的领域推广普及。

在新千岁机场、内排国际机场大显身手的"光催化薄膜"

所谓光催化薄膜，一般是指在室内的光照环境下，将具有很高的抗菌、抗病毒性能的**铜化合物复合氧化钛与无机物树脂复合**后，涂覆在塑料薄膜上（松下公司"抗菌抗病毒薄膜"）。现在，通过薄膜化以后，与传统的涂敷相比，它更容易在现场直接安装，也更容易确认其可靠性。

如果把这种光催化薄膜安装在人群密集的场所，就能降低接触传染病的风险，减少流行性传染病的发生。

到目前为止，为了预防接触传染，一般幼儿园、保育园都鼓励孩子们勤洗手。当然洗手也是很重要的，但在人员密切接触的场所，更好的方法应该是始终保持干净整洁（这种地方最好是细菌灭活，可能的话最好分解去除）。

对于光催化薄膜来说，一旦安装，之后的能量供给全来源于环境中存在的光源，所以也就**不需要增加电源等其他能源**，这种被动能源系统对于重视节能的公共设施来说，是一个很大的优势。

第 3 章中也提到过的类似**日本新千岁机场**、**越南的内排国际机场**等地方，已通过实验验证了光催化薄膜确实能降低接触传染的风险。

新千岁机场对旅行者使用较多的**行李小推车的手柄部分，用光催化薄膜进行了处理**，然后观察手柄表面细菌数的前后变化。实验证明使用了光催化薄膜后，**细菌数**有非常明显的**减少**，尤其是夏天细菌较多的时候。

位于越南河内郊外的内排国际机场，航站楼厕所的门和部分墙壁贴上了光催化薄膜，同样地也进行了粘贴前后的细菌数比较。和新千岁机场相比，越南处于高温多湿的环境，所以**细**

菌数的减少更加明显，也使光催化在实用化方面取得了良好的效果。

需要预防接触传染的地方很多，像电车上的吊环抓手、医院的门把手等等，不胜枚举。所以我希望一步一步积累确实可靠的成果，终有广泛实用化的那一天。

另外补充说明一下，所有这些基于光催化的抗菌、抗病毒效果，是从东京大学的桥本和仁先生（现任物质材料研究机构理事长）以及横浜市立大学的洼田吉信先生（现任横浜市立大学校长）的研究项目中取得的成果。

可见光响应型粉末浆料
LUMI-RESH™ 及认证制度

作为一种抗菌抗病毒性能良好的**可见光响应型光催化材料（粉末和粉浆）**，昭和电工已开始生产，并将其产品注册为"LUMI-RESH™"。

作为一种使用比较简便的二次加工剂，在它的基础上还相继开发了涂料、薄膜、涂料剂、纤维加工剂等产品，并最终陆续推广到膜材料、壁纸、纤维制品、树脂制品等终端产品上。

抗菌、抗病毒性能不是肉眼就能看见的。因此，要让人有真实感受的效果，就必须保证产品确实拥有这种性能，权威的**认证制度**显得尤为重要。

否则，几乎完全没有光催化效果的产品也会打着光催化的旗号，在市场上横行。这会损害认真致力于技术开发的企业的产品信誉。

所以，现在对光催化产品采取张贴标志制度。根据日本 JIS 法认证，真正的光催化产品，都会贴上光催化产品标志。

而且，日本也向国际标准组织 ISO 提交了方案。今后，随着认证制度的普及，人们对技术的信赖和消费者的安心都能得到保证（认证制度的详细情况参照第 8 章）。

医院手术室的墙壁和天花板如果安装上光催化瓷砖，由于它良好的抗菌性、抗病毒性，能保持手术室的清洁，还能防止产生气味。手术室是急性期医疗（对急性疾患、重症患者 24 小时制的医疗）的重要场所，舒适且功能齐备的治疗环境，不仅对在那里工作的医师、护士以及其他医疗工作者很重要，对患者而言也是关乎生命的大事。

事实上，已经开发出了不少由光催化瓷砖组成的**创新型手术室**样品间了（参照图 1-9）。

三维网状结构的陶瓷片和空中浮游菌去除装置

光催化瓷砖的使用原理，是将瓷砖表面的细菌和病毒彻底清除的被动型模式。在此基础上，一种主动型的模式是在密闭的空间里增加空气循环，更有效率地将空气中浮游的细菌和病毒清除干净。

这种模式下，**光催化空气净化器**的功能，是将焦点集中在去除浮游菌上。因此，我们需要研究开发的是性能更高的产品。

高性能地去除浮游菌必须具备的要素是：①光催化过滤器必须有效地接触细菌和病毒；②结构上，过滤器的每个角落都必须能有光照。

已知开发出来的类似的代表性过滤器产品，是拥有**三维网眼结构的陶瓷片**和**光催化钛网过滤器**（参照第 63 页）。

这种过滤器在三维空间里拥有随机的网眼结构。由于其表面积很大，有效接触细菌和病毒的效率高，而且开孔很多，因而通风性也很好。

另外，它还有其他一些特点。万一表面上黏附了一些光催化无法分解的无机化合物等，只要把过滤器洗一洗，就可以**立马恢复其净化功能**；即使在**高温下，光催化也可以产生作用**，而且性能发挥稳定（参照图 4-7 空中浮游菌去除装置 UVX）。

UV净化组件

利用紫外线与光催化两者组合而成的空气净化系统，杀灭病毒、细菌、霉菌等，去除恶臭、VOC（挥发性有机物）等。

图 4-7　空中浮游菌去除装置（UVX）
资料来源：三菱地所株式会社 HP 主页

经验证，这种新型的空中浮游菌去除装置的性能，几乎可以与通常洁净室里使用的 HEPA（High Efficiency Particulate Air）过滤器（高效空气过滤器）的除菌性能相匹敌。

而且，这种过滤器上几乎不残留任何细菌和病毒。HEPA 等传统的高性能过滤器，一般也只能过滤空气，细菌和病毒仍然残留在过滤器表面。一旦条件成熟，这些细菌和病毒便会迅速繁殖，重新扩散到空气中，留下传染的隐患。

不发生二次感染是最大优点

使用光催化过滤器，**残留在过滤器表面的细菌和病毒在光照作用下已经被灭活，所以无需担心会再次扩散到空气中，也就不必担心会发生二次感染**。这就是光催化式空气净化器最大的优点。

现在，很多医院、食品加工厂、研究机构等都开始使用这种光催化空气净化器。今后，还可以和瓷砖等被动型光催化产品相结合，一定可以开发出更高性能的，类似**生物洁净室**

的、**密闭空间整体使用**的光催化空气净化器。甚至现在已经开始探讨它的延伸产品，将光催化空气净化器用在**国际宇宙空间站以及向空间站运送货物的运输机（宇宙飞船）的内部**（参照第 28 页）。

4.3 6大功能之 ❷ 受哥白尼式转折启发诞生的除臭效果

在这里回顾一下应用研究的历史，介绍一下从构思的转折中产生的除臭功能吧。

光催化的应用研究，是从遇到氧化钛这种物质开始的，这一说法并不为过。

从那以后，为了寻找最合适的光催化材料，国内外进行了许多的研究和测试。但到目前为止，氧化钛还是公认的优质的光催化材料，这一点仍然没有改变。氧化钛光催化剂的特征之一，是**其强大的氧化分解能力**，其能力比用于水处理的**氯**、**过氧化氢**、**臭氧**也强很多。

为什么氧化钛不能分解大量的物质？

但是，通过各种计算验证发现，如果要分解大量的物质，不得不说氧化钛光催化无法发挥作用。

例如，光催化反应需要的时间，简单地计算一下看看。

使用边长为 10cm 的正方形氧化钛薄膜，分解有害物质之一的三氯乙烯 1mol（约 130g），猜猜大概需要多长时间？

在太阳光（$3mW/cm^2$）下，计算下来需要花费 11 个星期！如图 4-8 所示。

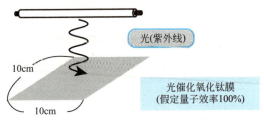

$ClHC=CCl_2+4H_2O+6p^+ \rightarrow 2CO_2+3HCl+6H^+$ (p: 空穴)

光源	超高压水银灯	太阳光(黑光灯管)	白色荧光灯
紫外线强度	20mW/cm^2	3mW/cm^2	10μW/cm^2
时间	12天	11周	63年

图 4-8　光催化反应分解 1mol 三氯乙烯需要的时间

当时，发生了油罐事故，原油泄漏，对环境造成了污染。于是组织人员研究，看能否利用氧化钛和太阳光把原油分解掉。

在研究室进行的实验倒是有效，原油确实被分解了，但是如何实用化还是找不到方向。

以微量的物质为目标
——哥白尼式转折点

总觉得哪里不对，难道就没有办法把光催化反应强大的氧化分解能力利用起来？

就在那时，可以说是来了个思维大转换，我灵光一现，想到了一个好主意。既然光催化不适合处理大量的物质，那么就让思维来一个 180 度的大转弯，用微量的、让我们感到棘手和困难的物质作为实验对象，看看效果如何（图 4-9）。

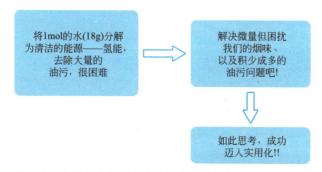

图 4-9　光催化应用研究中的哥白尼式转折

这么说也许稍微有点夸张，不过现在回头想想，这可能称得上是**光催化应用研究史上的一个哥白尼式转折点。**

即使是微量也能让我们感到不舒服的物质之一，就是散发恶臭的物质。

例如，氨气、硫化氢、乙醛等，其在环境中的浓度各国都有严格的规定。

比如乙醛，5ppm（$1ppm = 1 \times 10^{-6}$）就相当于规定值的 10～100 倍，其臭味就令人无法忍受。但氧化钛光催化剂却可以完全地分解它。

就这样，以分解去除为目的的光催化应用研究随即展开。主要的分解去除对象，就是那些微量但能产生恶臭的物质，以及挥发性有机化合物（VOC）等。

VOC 主要有建材胶合板中作为胶水防腐剂使用的甲醛，以及作为涂料、粘接剂的溶剂使用的甲苯、二甲苯等。这就是为什么有些人刚搬进新居，就会出现头痛、头晕、恶心等症状的原因，即所谓的新居综合征。

另外，对 VOC 的感受性因人而异。即使是非常低的浓度，有的人也会产生过敏反应，表现出严重的中毒症状。对于这些微量就可能威胁我们的健康和环境的物质，利用光催化解决似乎是一条光明的道路。

延伸到纸、纤维制品、空气净化器的缘由

在光催化的材料开发方面，也应注意保持思维灵活转换的姿态。

也就是说，将光催化剂制成薄膜后，覆盖在材料表面的薄膜涂层法已经被证明是一种很好的方法。但在应用研究上并不囿于这种方法，而是将其进一步推广到纸和纤维等材料上，用于分解香烟的气味儿和烟油。

如果仅仅在纸上直接用氧化钛过滤的话，由于光催化反应，纸本身就会被分解得支离破碎。所以我们也想了各种各样的办法，其中之一就是在氧化钛凝集后再加入纸浆。

用添加了氧化钛的纸，对香烟的烟油进行了测试，发现与普通纸相比，加入了氧化钛的纸颜色变黄了，难道又失败了？我心里很沮丧。然而，等到用光照射后**黄色的纸又恢复成白纸**了。都说从事研究的妙趣就在于那些不如人意的地方，这个意外收获似乎是这句话最好的注脚。

就好像蜘蛛织好了网，等着猎物上门，再收集起来慢慢享用一样。加入了氧化钛的纸，被香烟的烟雾笼罩以后烟油集中起来，然后对纸进行光照，烟油就被分解了。

现在这一技术已被推广到**纸**、**纤维制品**、**窗帘**、**壁纸**等产品的应用上。听说窗帘和床单等纤维制品，在医院、护理院等地方需求很旺。

图 4-10 所示为光催化式空气净化器的基本结构，可作为家用、商用、汽车及新干线等交通工具以及各种空气净化器的过滤器使用。

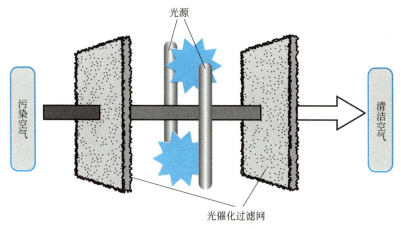

图 4-10　光催化式空气净化器的基本结构

家庭用的光催化空气净化器,已经成为了一般的技术,但商业上使用的光催化空气净化器形式多样,作为一项新技术有着各种各样的可能性。

在此,也希望通过对不同案例进行验证的同时,扩大该应用领域的客户群。至今为止,处理效果良好的,是用在大学医学部的解剖学教室和尸体处理室里,它把福尔马林的强烈气味去除得干干净净,深受好评。

过滤器和光源组合而成的大型光催化除臭装置

作为光催化过滤器使用,陶瓷过滤器显示出了很强的**分解活性**,因为自身还带有**抗菌、抗病毒**的综合功能,在商用方面受到广泛的欢迎。

现在,一种将过滤器和光源组合而成的光催化过滤筒正在开发中。把复数的过滤筒排列起来,就可做成**大型光催化式除臭装置**。

由于过滤筒可以自由组合,因而可以根据大型设施的用途和条件进行定制,很容易就能设计制作出光催化式除臭装置。

被气味困扰的场所还有很多,厨余垃圾处理场、橡胶工厂、干货和醋渍食品加工厂、化学分析中心、铅笔制造厂等,**光催化的除臭功能**正在各种各样的场所开始发挥作用。

面向养老院和医疗场所,研究人员开发了一种在天花板嵌入型换气装置上搭载光催化方式的除臭产品。如果能减轻或去除养老院特有的气味,对入住者和他们的家庭,以及在那里工作的人们来说,在心情和精神上也会带来积极的影响吧。

图 4-11 所示为光催化式空气净化器的各种用途,图 4-12 介绍了使用光催化式空气净化器的各种场所。

图 4-11　光催化式空气净化器的各种用途

图 4-12　利用光催化空气净化器的各类设施

6大功能之 ❸ 玻璃和镜子的表面不易起雾的防雾效果

何谓光催化的超亲水现象?

在第 2 章(2.4)中,介绍过东京理科大学葛饰校区建了一座理科大学科学展览馆。那里设置了一面玻璃窗,可看到光催化的示范效果。即使是下雨天,也不会起雾,保持着良好的视野。

类似这种使玻璃和镜子的表面不易起雾的功能被称为**防雾功能**。

光催化中具有与此相关的功能的原因,要归功于光催化的**超亲水性现象**。

在玻璃和镜子的表面进行了光催化涂层后再做光照处理,其表面性质就会发生变化,几乎不具有一点点防水性能。

但是,对这一现象作更详细的解析后发现,这是一种区别于以往的氧化分解反应现象。这一新发现由桥本和仁先生和 TOTO 公司的渡部俊也先生(现东京大学副校长),于 1997 年发现并共同发表在 Nature(《自然》期刊)上。

超亲水性的发现,成为光催化研究的新引擎,标志着光催化的应用研究跨上了一个新台阶。

在此之前,一般都是使用氧化钛的强大氧化分解能力,应用于抗菌、除臭、分解污垢等场合。但发现了**超亲水性**这个新的性能后,光催化的应用研究开始**寻求它的防雾、防污**功能。

表 4-3 归纳总结了氧化钛光催化表面发生的**两大反应和六大功能**之间的关系(同时参照表 4-1)。

表 4-3　氧化钛光催化的"两大反应"和"六大功能"的关系

	表面发生的反应	6 大功能					
		①抗菌、抗病毒	②防污	③防雾	④除臭	⑤大气净化	⑥水净化
氧化分解	接触表面的物质发生反应	○	○		○	○	○
超亲水性	表面性质自身发生变化		○	○			

水的接触角以及亲水性

那么，完全不防水的超亲水性又是一种什么样的状态呢？为什么下雨天窗户的玻璃也不容易起雾呢？

这里的关键就在于，表面和水之间形成的**"接触角（contact angle）θ"**。

在我们周围的普通环境中，通常情况下物质的表面多多少少都会有点防水。至于防水的程度，有一个衡量的标准，就是水滴和物质表面的**"接触角"**。接触角越大，水滴就形成了水珠状。这种拒水成珠性就是**"憎水性"**。

与之相反，接触角越小，水滴越难以形成水珠，这就是**"亲水性"**（图 4-13）。

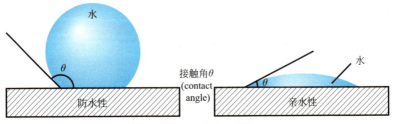

图 4-13　从接触角判断"憎水性"和"亲水性"

大家见过雨后池塘和湖沼里浮在水面上的荷叶吗？

仔细观察就会发现，荷叶上的水滴像珍珠似的滚落下来。同样的水滴，也可以在进行过防水处理的雨衣表面看到。

类似这种憎水状态的表面，和水的接触角一般都在 90°以上。一般情况下水和树脂的接触角是 70°～90°，水和玻璃等无机材料只有 20°～30°。物质不同接触角也不一样，但接触角为 10°以下的很少见。

超亲水性就是接触角几乎为零

对氧化钛的构成进行适当组合后的薄膜表面，最初与水的接触角有数十度以上，不过光照处理以后接触角减小，最后几乎变成了**零度**。

此时，薄膜表面无法形成水滴，全部变成一层湿透的水膜，完全不再防水。这种现象被称为**超亲水性**（图 4-14）。

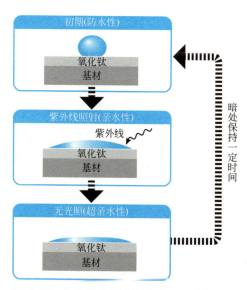

图 4-14　氧化钛表面光照处理后变成超亲水性

一旦变成了超亲水性的状态，之后哪怕几十小时不再进行光照，接触角也可一直维持在10°以下，再次进行光照处理后又可恢复到超亲水性的状态。

玻璃和镜子的表面之所以会起雾，是因为水蒸气在表面冷却后形成了无数的水滴。做了超亲水性处理后，表面就无法再形成水滴，而形成一层水膜，全部湿透，所以就能防止产生雾气（和水的接触角以及防雾性的关系可参照图4-15）。

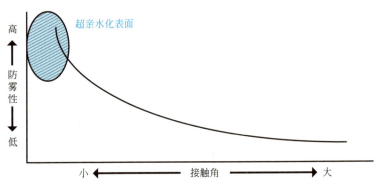

图4-15 接触角越小越难起雾

不易起雾、不易脏的超亲水性和氧化分解能力的合力并举

而且，还有一大发现，就是超亲水性的表面，即使沾上了油污，濡湿扩散的水膜也能使油污浮起，然后**用水就能简单地冲洗掉**。

建筑物的外墙大多较脏，都是由于汽车排放的尾气中含有油分造成的。如果在墙体表面进行**超亲水性光催化涂敷处理**，即使有污渍沾上去了，只要下雨，就能被雨水自然地冲刷干净，保持清洁的状态。

如果和光催化的氧化分解能直接分解去污的功能相结合，污渍防止（防污）功能就能一跃提升到一个新台阶。正如第 2 章介绍过的那样，光催化应用于住宅、建筑领域真的是找到了一条新的发展道路。

甚至，它还能延伸到材料领域。材料容易脏的原因，与水的接触角有着密切的关系。相较于氟这种接触角大的易脏的防水性材料，**接触角小的超亲水性材料，不管哪一种材料都不容易脏**（图 4-16）。

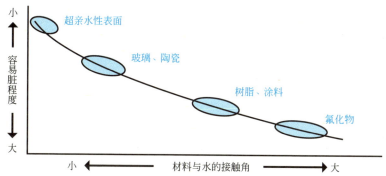

图 4-16 接触角越小越不容易脏

汽车的车门后视镜和保命的弯道凸面镜(道路反射镜)

下雨天，汽车车门的后视镜上雨滴积得太多，导致视线模糊，差点出事，想想还后怕。这种事有过吧？

现在有了不起雾后视镜，利用光催化涂层技术，**使水滴无法形成，也就很难再起雾了**。日本国内销售的新车几乎都搭载了拥有光催化功能的后视镜。

当然，也有旧车使用 TOTO 公司的"Hydrotect"的光催化薄膜，只要贴在车门后视镜上即可。

在恶劣的大气里开车，弯道处设置的道路反射镜常常一片模糊，看不清楚。为避免危险，常常需要小心驾驶。

现在，积水树脂株式会社开发出了一种弯道凸面镜（道路反射镜）。在不锈钢镜面上进行光催化超亲水性处理后，拥有了**防雾**和**防水滴**功能。

这样，即使下雨天也能确保良好的视野，为提高道路交通安全性做出了贡献。继汽车车门后视镜之后，光催化在道路反射镜上的成功应用，对降低恶劣天气里的事故率可以发挥很大作用。换言之，说它是一项**关系到人命的技术**也不为过。

今后，希望日本所有汽车的车门后视镜都不再起雾，这是我们的目标。

4.5 6大功能之 ❹ 通过自清洁达到防污效果

来访者突破 10 万人的光催化博物馆

我以前当过理事长的神奈川科学技术研究所（KAST），现在已经更名为神奈川县立产业技术综合研究所（KISTEC），那里建了一座**光催化博物馆**。

这座博物馆位于神奈川县川崎市的神奈川科学园（KSP）一楼。这里，集中展示了光催化技术的研究成果，各种应用产品济济一堂。参观人员甚至可以一边听工作人员讲解，一边观察光照的变化效果，还准备了体验其变化的模拟实验机器。

博物馆开馆已经 10 年多了，开馆以来特别是春假和暑假期间，来参观学习的中小学生络绎不绝。

在神奈川县下属的中小学生之间，好像还悄悄地流传着这么一说，如果自由研究遇到困难，只要去光催化博物馆走一趟，总会有办法。

截止 2017 年 3 月 14 日，博物馆开馆以来参观者总人数达到 10 万人。为此博物馆还特地举行了纪念典礼（图 4-17）。

模拟实验常常能让孩子们发出惊喜的欢呼声，其代表作就是自清洁效果。

第 1 个实验，就是**体验光催化氧化分解作用的"利用光保持清洁"**。

在光催化瓷砖和普通瓷砖的表面都涂上墨水，用黑色的光源代替太阳光照射。经过 10s、20s 后，光催化瓷砖表面的墨水颜色慢慢变得越来越淡，30s后墨水颜色彻底消失了。而另一边，普通瓷砖的表面墨水颜色没有任何变化。

图4-17　光催化博物馆参观者达到10万人纪念典礼

对"魔法实验"将信将疑和"氢博士"的秘密

　　听到孩子们欢呼声的时候，毫不夸张地说，作为研究者这真是非常幸运和无上幸福的时刻！

　　孩子们中间，有的孩子激动地大喊："哇，像魔术似的。"老实说，听到这个还是有一点困惑的。

　　一般的杂志等媒体在报道光催化的时候，往往也喜欢用"简直就像是魔术师""现代的炼金术大师"等等夸张的描述。但是，这既不是魔术，也不是变戏法，而是利用光电化学的研究成果，**将植物的光合作用部分进行科学地再现**。所以，光催化博物馆的另一个使命，恐怕就是向人们正确地解释光催化的原理吧。

我想到了大约 50 年前的一件事，也就是刚刚在英国的科学杂志 *Nature*（《自然》）上发表了光解水成果不久，那段时间，我被人称为"氢博士"。

当时正是石油危机（1973 年）的时期，以此为契机，满世界充斥着寻找石油的替代能源的焦虑。

在这种时候，听说有人可以利用太阳的光能把水分解成氧气和氢气，一下子吸引了全世界的目光。若将太阳能转换成清洁能源的氢，而且原材料还是水，那人类岂不是可以从能源问题的困扰中解放出来？甚至有人认为能源问题彻底解决了。

于是，有人开始催促了："怎么样可以高效地大量制氢，快点出成果吧。"……"氢博士"的名号，似乎就是回应了世间的这种期待。

光催化制氢的研究，作为**人工光合作用**的一部分直到现在也仍然在蓬勃发展。第 5 章中将会作详细的说明。但通过这件事让我意识到，如何向普通人正确地、浅显易懂地介绍研究成果，在得到理解和支持的同时，从回应社会的需求上寻找研究方向，是一件非常重要的事情。

超亲水性实验，体验"光和水之美"

光催化博物馆进行的第 2 个实验自清洁模拟实验是可**体验光催化超亲水性效果的"光和水之美"**的实验。

这一次，将复印机调色剂中使用的碳素与油混合后，做成黑色的油污。然后把这个油污涂抹在光催化瓷砖和普通瓷砖上。

充分满足光照条件，然后泼水看看。

涂抹在普通瓷砖上的油污，水与油不相溶，油污维持原样残留在瓷砖表面。

另一边，涂抹在光催化瓷砖上的油污，光照射在表面显示出非常溶合的超亲水性状态，水彻底溶入于油污下面，呈现一片濡湿的薄膜状态。

因此，油污浮起来以后，只要浇水就可简单地冲洗干净了（图 4-18）。超亲水性的原理，请参照第 109 页的"防雾效果"。

图 4-18　模拟实验"光和水之美"

反向思维将"失败"变为可用

事实上，这个超亲水性的发现也是无意中的一个契机产生的。

当初在开发带有光催化氧化分解作用的瓷砖时，为了使表面不容易黏附污渍，采取的是使之不渗水的防水性方法。

但是，在研究过程中，表面的水和接触角之间降到了近乎"0°"的状态，最初以为彻底失败了，负责人也很沮丧。

但是，如果改变一下看问题的视角，也可以说是成功地发现了前所未有的非常独特的"水油溶合"的超亲水性表面。

从那时的思维转换开始，后来又继续弄清楚了超亲水性的作用机制，一下子加快了光催化在应用研究上的发展。

是接受失败的实验结果然后放弃，**还是以逆向思维的眼光去捕捉成功然后继续向前推进**，这也可以说是从事研究的乐趣的动态展开，令人瞠目结舌。

利用双重自清洁效果降低成本！进军 1000 亿日元的市场

太阳光照射在氧化钛表面产生强大的氧化分解能力，以及与水容易溶合的超亲水性效果，二者的作用结合起来，就是**自清洁效果**。

如果屋外的墙壁上安装了光催化瓷砖，在太阳光和降雨等自然能源的作用下，两大效果同时显现，无需使用其他的能源就能使墙体表面保持干净清洁的状态。

这不仅仅是从能源成本中解放出来了，还节约了雇人打扫屋外墙壁的清扫费，**降低了建筑物的维护成本**。而且，高楼大厦的清扫，清洁工们都是系着救生索作业的，这样还可以减少清扫次数，对**提高清洁工的安全**也发挥了作用。

自清洁效果的同时，黏附在光催化瓷砖表面的一些 NO_x、SO_x（硫氧化物）等空气污染物也一并去除了。

太阳光将这些空气污染物分解后实现了无害化，雨水冲刷后流走。由于这种良好的自清洁效果，作为外装用的建筑材料，而且作为与道路交通相关的材料，这些衍生出的各种各样的光催化产品在第 2~3 章中已介绍过。目前光催化已成长为**接近 1000 亿日元的新型光催化产业市场**。

将来，如果还有更多的场所需要利用光催化技术，则要根据安装场所的具体情况进行具体分析，尽可能以确实有效的形态进行施工（图 4-19）。

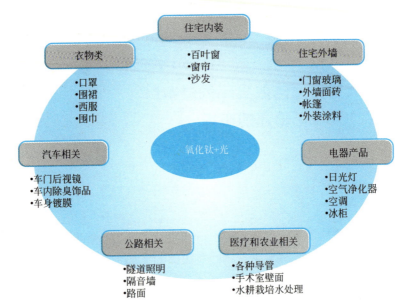

图 4-19 在各类产品中大显身手的光催化效果

4.6 6大功能之 ❺ 光催化的水净化效果

地球上的淡水资源很有限

正如在除臭部分中所介绍的那样,我们已经知道,光催化很擅长分解去除那些哪怕微量存在也成为问题的环境污染物。

因此,不仅是空气中,利用光催化去除水中的环境污染物的研究现在也很盛行。

据推测地球上大约存在 $1.4 \times 10^{12}\,m^3$（14000亿立方米）的水,但几乎（97.5%）都是海水（盐水）,淡水仅仅只占2.5%（图4-20）。

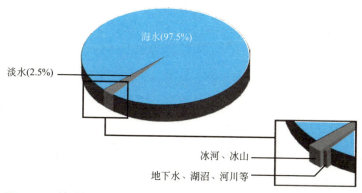

图4-20 地球的70%被水覆盖,但其中的97.5%是海水

并且,淡水中的70%还是以冰河、冰山的形式存在的,剩下的3%也大体上是地下水。人类可使用的河川湖泊中的地表水仅仅只占淡水的0.4%（在地球上所有水中仅占可怜的0.01%）。

如果把地球上的水比作一浴缸的水,那河川湖沼、浅表地层的地下水等可供人类利用的水量大约还不到两手合起来的一捧水,所以说水是非常珍贵的。

尽管如此,无论是工业生产还是农业生产,我们都要使用如此宝贵的淡水,甚至还难免往环境中排放污水。

筑地市场的迁移问题,核电站事故中的污染水问题,日本国内围绕水的纠纷不胜枚举。

不增加成本又安全的土壤地下水净化系统

如果把目光转向海外,亚洲、非洲的一些国家,还有几亿人没有安全的饮用水和卫生设施。**每年因为水和卫生问题而死亡的孩子达到 180 万人。**

因此,为了让亚洲、非洲的一些人也能用到干净的水,**如何低成本地净化水是人类面临的最重要的问题之一。**

我们就是抱着这样的信念进行了长期的广泛研究开发:利用太阳能分解水中的细菌和污染物,使光催化技术造福人类,为人类的饮水问题作贡献。

虽然实用化的道路上还有诸多尚待解决的问题,但近年光催化在温浴设施的军团杆菌对策、土壤地下水净化系统、农业废液处理技术、食品加工海水制造技术等领域有了长足的发展,以下分别作介绍。

作为干洗剂溶剂使用的四氯乙烯(别名全氯乙烯;PCE)等挥发性有机氯化合物,是导致土壤污染的物质之一。

一直到 20 世纪 80 年代前期,对这种物质的有害性认识还很有限,根本没有采取有效的方法进行处理就直接排放到土壤中。但是,进入 20 世纪 80 年代后期,WHO(世界卫生组织)提醒,长期摄取三氯乙烯(TCE)会导致癌症,从那以后,这些物质导致的土壤地下水污染问题才引起世界的关注。

日本也对地下水的污染情况进行了调查，挥发性有机氯化物导致土壤污染的问题，才在全国有了明确的认识。

对于挥发性有机氯化物，传统的处理方法，主要是利用活性炭吸附。但吸附过污染物的活性炭无法再生，污染的活性炭如何处理又成为了新的问题。

70多座ADEKA公司综合设备的解决方案

对将挥发性有机氯化合物分解后处理的方法，也提出过几个解决方案，但产生有害物质的问题仍然存在，所以没有得到普及。

如果采用光催化法，就可以有效地分解PCE（四氯乙烯）后进行无害化处理。这一方法有望进一步开发推广。下面介绍由ADEKA综合设备株式会社开发的土壤地下水净化系统（可参照图4-21）。

从土壤的地下水中回收到的挥发性有机氯化合物，气化后通过光催化装置进行处理，分解成二氧化碳、水、氯化氢。

光催化装置中，光源和陶瓷片上配置了固定氧化钛的多个有效反应器。光催化反应的分解生成物在那之后，进入中和装置被碱中和后进行无害化处理，就可直接排放了。

现在，已经投入**70多座**设备用于土壤地下水的净化。最近，正试图将装置更加大型化，以便进一步提高处理能力。

这个土壤地下水的净化过程，就是将污染物先进行蒸发气化后，利用光催化过滤器处理气化后的气体。简单地说，就是利用光催化处理空气中的气体物质，**与空气净化器的作用机理相同**。

一方面，如果考虑将水中的污染物在水中处理，其实是一件非常困难的事情。

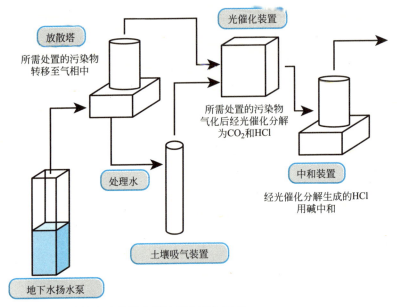

图 4-21 带光催化功能的土壤地下水净化系统

为什么呢？因为首先要将水中微量的污染物诱导到光催化过滤器上，然后过滤器还需要进行充分的光照。

更重要的是，水的阻力非常大，导致水中的微量污染物采用光催化处理非常困难。当然，将氧化钛微粒子变成悬浮液（液体中的微粒子高度分散）状态后再进行光照的方法也是有的，但这样水中的氧化钛微粒子如何分离又是一个较大的问题。

2017 年 9 月在意大利召开的国际会议上，我和一个印度的年轻学者有过交谈，他说他使用的方法是，在铁粒子上进行氧化钛涂层处理后制得光催化体系（光催化反应系统），**在光催化作用后，用磁铁收集氧化钛微粒子**。这真的是一个非常有趣的想法。

因为我自己就住在多摩川附近，10 年多年前就常常在想能不能使水变得更干净点。还和川崎市的相关机构谈过。也尝试过用光催化分解多摩川中的环境荷尔蒙物质❶，一直没有成功。要把大量的水中的污染物处理掉是个非常棘手的难题。

即便如此，我也仍然继续在考虑能否利用光催化，将饭田桥❷外层护城河的河水处理干净。

军团杆菌和二噁英统统分解！
环保的净水装置

前面提到的土壤地下水净化系统，由于洗衣店以及工厂的排水浸入地下导致污染扩散，要想从土壤中回收污染物将它气化，是非常费劲的。

因此，从今往后要切记，绝对不能再继续污染地下水，必须采取措施，**在地面就要把水处理干净后再排放，以免污染土壤**。

虽然无法处理河里的水，但有限量的生活和工业用水，有些还是可以采用光催化方式处理的。

例如，以净化地面的水为目的，研究人员开发出了一种带有**光催化纤维的装置，对消灭温浴设施中的军团杆菌**就取得了不错的效果。

作为过滤器使用的光催化纤维做成毛毡状，这种结构可以使水中的细菌和污染物在三维空间里有效地接触并被分解。

日本全国各地建设的各类温泉和温浴设施，一方面是为了区域内居民的福祉，同时也是为了吸引眼球推广地域观光，但总是不断有集体感染军团杆菌的新闻传出，导致公共浴场、温泉水的净化清洁问题成为一个待解决的课题。

---

❶ 环境荷尔蒙物质：即环境激素物质，是一类外源性化合物，可干扰生物为保持体内平衡和调节发育过程的政策激素的产生、释放、转移、代谢、结合、反应和消除，或在未受损伤的生物或其后代中起不良的健康影响和内分泌功能的改变。

❷ 饭田桥：东京都千代田区的地名。

特别是碱性高的温泉，采用常见的氯气杀菌消毒方法很难见效，成为令人头疼的问题。但是，**采用光催化方式的净水装置后，取得了良好的杀菌效果**。

尤其是，光催化方式还能**把细菌的残骸也分解掉，将污水变成净水后再利用**（图 4-22），这是光催化方式最大的特点。

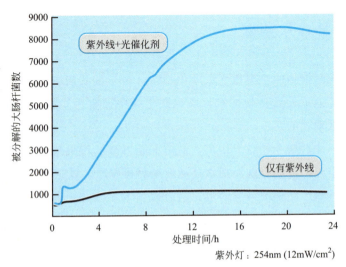

图 4-22　光催化纤维使大肠杆菌分解（仅和紫外线相比）

另外，这种净水装置并不只针对除菌，一些很难分解而且有剧毒的二噁英、PCB（多氯联苯）、氰化合物等，在一些产业的使用中，也都取得了良好的效果。例如，实验证明，**水中的二噁英几乎 100% 被分解了**。

利用太阳光处理农业废液！
水稻耕作和番茄栽培也进入光催化时代

要想光催化方式的净水装置有效地实现光催化反应，一般情况下是将光催化过滤器和光源组合在一起使用。

但是，在农业领域如果采用光催化技术，基本上将太阳光作为能量来源。这里，在贴近农业，以太阳能为能量来源的系统开发上，也取得了不错的成果。这也可以说是一个思维转换的结果吧。下面介绍两个例子。

一个是**水稻栽培中产生的农业废液的处理**；另一个是，**在番茄的栽培营养液中引进光催化处理排液的循环式栽培系统**。

在水稻栽培最初的育种阶段，为了预防病虫害，要把种子在农药中浸泡后再播种，所以无论如何都会产生农药废液。

通常情况下，推荐使用活性炭吸附或加入凝固剂等方法，处理后的剩余物最终作为产业废弃物进行处理。如果能有更简单的低成本处理方式，而且还不会产生产业废弃物，我相信农民使用起来会更容易吧。

于是，**一种仅以太阳光作为能量来源的光催化农药废液处理系统诞生了。**

在一个浅浅的水槽中放好光催化陶瓷过滤器，倒入农药废液静置数日，就会发现**废液被净化干净了。**

这是神奈川县农业技术中心和神奈川科学技术研究所（现神奈川县立产业技术综合研究所）的共同研究成果。

今后，不仅水稻的种子消毒液，其他的农药废液、农药喷雾器和容器的洗涤液等等，都有望采取类似的处理方法。

有机物去除率几乎 100%，收获与过去同等程度的番茄

现在，在农业领域，不仅仅限于自然土壤的栽培，在设施中利用营养液栽培也很时兴。这是农业摆脱被天气左右跨出的一大步，也是在一定程度上控制植物生长环境的对策。

在日本，采用营养液栽培最常见的是番茄，草莓、玫瑰等也

常常使用营养液栽培。

因此，番茄栽培中营养液的排液处理就采用了光催化技术。从传统主流的"培养液一次性使用方式"，**转换为环保的"循环利用方式"**，以神奈川县农业技术中心为核心的科研小组正朝着这个目标努力。

光催化并**不会分解排液中所含的硝酸以及磷酸等植物所需的肥料养分等无机物，仅仅只分解去除不必要的杂菌等有机物**。另外，也不必导入光催化专用的光源，就像农药废液的处理系统一样，光催化是一个**利用太阳光作为能量来源**的系统。

使用这套光催化处理系统，用肉眼就可看到茶色的排液变成**透明的液体，有机物去除率几乎100%**。经确认，采用这套处理系统可以收获和传统的"培养液一次性使用方式"差不多程度的**番茄**。

图4-23所示为光催化国际研究中心里的实验情形。

图4-23　光催化国际研究中心里的番茄栽培实验

像这样，同时以太阳光为能量来源的农业和光催化的兼容性非常好，相信今后一定会在各种想法的基础上，在 21 世纪所追求的环保农业的转型中大显身手吧。

解决鱼市上的"光复活现象"难题
获得安全洁净的海水

渔港附近的鱼市场以及食品加工厂里，在洗鱼或保存鱼的时候，一般使用从海里抽上来的海水，但海水中也有可能含有引起食物中毒的细菌。特别是在水温上升的夏季，可能会引起腹泻和腹痛等。

因此，一般采用紫外线对海水进行杀菌处理。但是在荧光灯下保存处理过的海水中，那些暂时被杀死的细菌可能会复活，出现**"光复活现象"**。

这种现象是由于紫外线的杀菌处理，只是使细菌的基因繁殖构造受到损伤，细菌处于假死状态。一旦荧光灯照射以后，细菌马上修复基因而复活。

如果在海水处理过程中加上光催化处理功能，正如在抗菌功能中介绍的那样，**破坏细菌的细胞膜，直到把细菌残骸也分解去除，细菌就不会发生"光复活现象"**。人们就可以使用更安全和清洁的海水。

不过，正像前面在多摩川的水处理中所介绍的那样，光催化一次无法处理大量的海水。但是在鲜鱼的保存、陈列、加工等方面，在用水量比较小的情况下，还是可以通过光催化技术，获得安全的、质量很高的海水的。

6大功能之 ❻ 光催化的空气净化效果

让古罗马帝国的塞内加也苦恼的空气污染问题

"沉闷的城市空气……刚一从那可怕的恶臭中逃脱出来,我就感觉到我的健康马上恢复了。"这是古罗马帝国的哲学家兼政治家的塞内加❶,感叹城市的大气污染所写的(公元61年)。

这是关于大气污染最古老的文献之一,从中可以再次感受到人类所面临的城市化和环境污染的关系根深蒂固。

而且,让我感到吃惊的是,2000多年前塞内加就知道,从污染的环境中逃脱出来,马上就能恢复健康。

在那之后,像欧洲的产业革命和日本的高度成长期一样,社会的发展初期可以肯定地说,大气污染问题总是作为负面效应伴随左右。但是,与此同时科学研究也在不断发展,从行政规定的变化中也可以看到科学发展的依据。

既能去除 NO_x 又能大幅降低成本的划时代的系统是什么?

现在,石油中含有的大量的硫氧化物(SO_x)已经可以通过安装脱硫装置进行处理,发达国家已经减少到高峰时期的六分

---

❶ 塞内加:(约公元前4年~公元65年)古罗马悲剧家,擅长演说,对哲学、宗教、伦理道德和自然科学都有研究和著作,是古罗马多葛派的代表人物之一。

之一。

但是，目前的现状是，被称为引起"光化学烟雾"的氮氧化物（NO_x）等，即使是发达国家也仍然没有达到大幅削减。

更糟糕的是，近年来颗粒状物质（PM）、可吸入颗粒物（PM2.5）等成为人们关注的焦点。在距塞内加近2000年的21世纪，人类在大气污染防治方面仍然面临着很多的课题。从保护地球上所有生物的健康的观点出发，大气污染防治可以说是时不我待，迫在眉睫。

其中，作为空气净化技术之一，**能够去除 NO_x 的光催化技术**受到关注，出现了各种独特的产品群。

NO_x 是由氮原子（N）和氧原子（O）结合而成的物质的总称。含一氧化氮（NO）、二氧化氮（NO_2）等。

一般在空气污染监测时，NO 和 NO_2 一起作为 NO_x 记录下来。

NO_x 是燃料在高温下燃烧，存在于燃料和空气中的氮和氧结合的产物。NO_x 产生的来源多种多样，有工厂、火力发电站、汽车、家庭等。燃烧温度越高产生的 NO_x 量也越大。

如果将产生的 NO_x 排放到大气中，虽然大部分都是NO，但在大气中移动时，与空气中的氧气发生反应，变成 NO_2。NO_2 随着呼吸一起被人体吸入，浓度高的话会对呼吸系统产生恶劣影响。另外，NO_2 也是产生酸雨和光化学氧化剂（O_x）的原因之一。

O_x 是汽车和工厂等排放的氮氧化物和挥发性有机化合物（VOC）受到紫外线辐射后发生光化学反应而产生的物质。高浓度的 O_x 在大气中漂浮的现象称为"光化学烟雾"，会引起眼睛疼痛、恶心、头痛等问题。

利用光催化去除 NO_x 的机理比较复杂，简单地说，对光催化表面进行光照，空气中的 NO_x 被氧化，从 NO_2 最终以硝酸（HNO_3）的形式留下。为了使 NO_x 在生成的初始阶段不出现游离状态，可以**与活性炭等吸附剂并用，效果会更好**。

如果生成的硝酸累积起来，会阻碍光催化反应去除 NO_x 的效率，造成反应效率低下。但在**室外利用此系统时，由于下雨会自然地把硝酸冲洗干净**，所以这个系统可以连续地使用（图 4-24）。

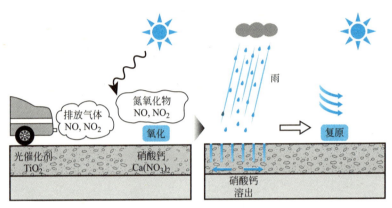

图 4-24　光催化去除 NO_x 划时代的大气净化原理

也就是说，与防止污渍的自清洁功能一样，在这里安装了净化材料后，可以利用太阳光和降雨的自然能量来净化大气环境。从降低能源成本和减少维护成本方面，可以说是一个非常具有划时代意义的技术。

作者纵谈

为什么说蒲公英是农夫的时钟

2007年我出版了一本书，书名叫《牵牛花什么时候开花呢？》（神奈川新闻社）。与牵牛花天黑9小时后开花不同，蒲公英是早晨天亮了才开花的。

天亮了就开花，天黑了就合起来，据说西方人把蒲公英的花称为"农夫的时钟"。

蒲公英是非常有趣的植物。可分为西洋蒲公英和日本蒲公英，但日本蒲公英是日本所有蒲公英的总称。

各个地方对蒲公英的称呼不同。东京称之为"关东蒲公英"，名古屋称之为"东海蒲公英"，关西称之为"关西蒲公英"，北方称之为"虾夷蒲公英"，西日本称之为"白花蒲公英"。

但是，西洋蒲公英繁殖得非常快，现在全日本几乎成了西洋蒲公英的天下。

那么，日本蒲公英和西洋蒲公英的区别到底是什么呢？最大的区别就是，总苞片（包裹花蕾的叶子很密集的部分）的中间变细，还是紧靠在一起。

为什么西洋蒲公英变得如此多了呢？

田中修著的《趣话杂草》（中央公论新社，2007年）中是这么写的：

> 所谓的蒲公英，不能称它为一种花，它的每一片都是花，每一朵花都会有种子。每棵蒲公英都集合了200个花瓣。日本蒲公英如果不授粉的话，就无法结出种子。但是，西洋蒲公英即使不授粉，也能结出种子，属于克隆系（自花授粉）。

而且，西洋蒲公英每3个月就会结出200粒种子，3天后就枯萎了。过了一段时间，花茎一下子又伸出来，长出绒毛，风一吹种子就像竹蜻蜓一样到处飞，自然就越来越多了。

# 第5章

人工光合作用的最新常识

5.1 资源、能源、环境问题和光合作用机理

什么是叶绿素的"Z型反应"

光合作用反应与生命的起源有着深厚的关系。

地球上最早进行光合作用的细菌,使用的不是水,而是硫化氢和有机酸。但在蓝藻(蓝色细菌)出现后,才出现了利用光分解水后产生氧气这种类型的光合作用。

在此之前,地球的大气层主要为氮和二氧化碳,几乎处于没有氧气的状态。但以 25 亿年前蓝藻大爆发为契机,氧气增加,之后慢慢才有了生命的多样化。**蓝藻**称得上是**生命进化的原动力**。

产生氧气的这类光合作用生物,自身带有叶绿素。叶绿素吸收太阳光的光能后转换成化学能,发挥着转换天线的作用,并拥有**两个光化学反应中心**。分别称为 PS Ⅰ(Photosystem Ⅰ;光系统Ⅰ)和 PS Ⅱ(Photosystem Ⅱ;光系统Ⅱ),吸收不同波长的光,从而保证可以有效地利用太阳光。

图 5-1 是从两个阶段的反应形式描述**"Z型反应"**。

如后所述,在人工光合作用的研究中,模仿了植物在漫长的进化过程通常采用的 Z 型反应,热切地希望建立起一个有着更高效率的系统。另外,对植物来说光合作用能源转换反应中最重要的是从水中夺取电子,**最终目标是利用还原反应,从二氧化碳中制取糖**。根据这个原理,以还原二氧化碳为目的的人工光合作用的研究正在进行中。

这类研究的终极目的，都是希望通过**将二氧化碳还原成有益的有机物**，一举解决人类面临的**粮食、资源问题以及地球温暖化**问题。

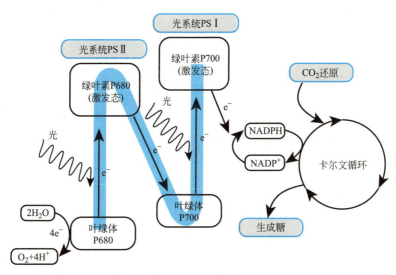

图 5-1 光合作用中的 Z 型反应和卡尔文循环
　　光合作用中利用两个光泵和卡尔文循环生成糖。光泵 PSⅠ、PSⅡ把从水中抽取的电子呈 Z 字形（方式 Z 型）运送。电子被运送到从二氧化碳中提取糖的所谓卡尔文循环的化学反应循环中。

化石燃料存在的两大问题

　　化石燃料有煤炭、石油、天然气等几种。最近有些国家开始探讨使用甲烷水合物或页岩气作为燃料。
　　这些被称为化石燃料的物质，可以追溯到地球上出现生命开始。这些有生命的有机物发生光合作用反应的结果储蓄在地球体内。经过漫长的岁月，在地层中加热、加压等才形成了今天的样子。

因此，现在我们人类文明活动所使用的能源和资源的绝大部分，都是**通过光合作用从太阳光和植物中得来的**。

化石燃料存在的问题可分为两大类（图 5-2、图 5-3）。

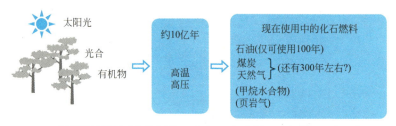

图 5-2 化石燃料的形成大约需要 10 亿年，但人类 100 年就把石油用完了

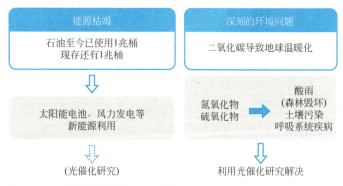

图 5-3 化石燃料存在的两大问题

其中一个，是**能源枯竭的问题**。

想象一下化石燃料在形成之前所花费的漫长岁月，再看看 21 世纪的今天人类的样子，先是火急火燎地把它们挖出来，又挥金如土般的肆意挥霍。

随着经济全球化，亚洲和非洲的相继开发，今后能源的消耗量会继续增加。石油的储藏量还剩多少，还能用几年？这些预测姑且不说，永久依赖化石燃料是不可能持续下去的，这一点大家都看得很清楚。

因此，对化石燃料的替代能源的探索，是人类社会交给世界科学界的一大急需解决的课题。

其中，可以向植物的光合作用学习，**利用太阳光分解水得到氢**。氢作为可以使用的清洁能源，被视为一种解决终极能源问题和实现人类梦想的通道，备受关注。

对**氢气生成系统**的研究是人工光合作用研究的一个方向。这点后文再述（参照 152 页）。

化石燃料存在的另一个问题，就是**严重的环境问题**。化石燃料燃烧产生二氧化碳，并且还有氮氧化物（NO_x）、硫化物（SO_x）等污染物排放，导致大气污染。并且，这种大气污染将会进一步引起因酸雨导致的森林毁坏、土壤污染、呼吸系统疾病以及地球温室效应等一系列严峻的环境问题和健康问题。

大气净化是光催化应用的 6 大功能研究内容之一，也是一个需要全力以赴、努力进取的领域。

事情的起因是，某日，我突然意识到也许可以利用光分解水强大的光催化分解能力，竭尽所能做一件对社会有用，对人类的健康和幸福有益的事。

用英语来表述，大致就是这个意思吧：

If you can do one thing well in your lifetime, that's good enough. You don't have to know much about other things. （一生成一事，足矣。其他的事可以不管了。）

5.2 光解水发现的震撼和光催化的诞生

50年前成功实验"光增强电解氧化"的原理

那是我还在东京大学大学院读书的年代,以美国和德国为中心,已经开始了用半导体作电极在水中进行光照实验的研究。

那时我也阅读了一些相关的最新论文,开始使用锗和氧化锌进行实验。实验结果实际上已在德国弗利茨·哈伯研究所的格里谢教授发表的论文里写明,半导体自身光照后会溶解,表面会变得坑坑洼洼。

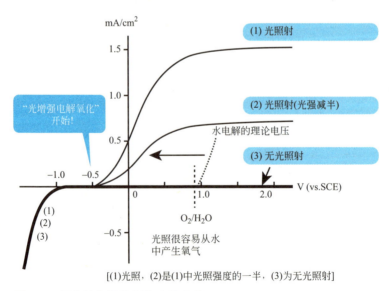

[(1)光照,(2)是(1)中光照强度的一半,(3)为无光照射]

图 5-4　氧化钛电极的电流-电位曲线

距今（2017 年）正好 50 年前的 1967 年，我很幸运地得到了一些单结晶的氧化钛。利用铂金作为电极，然后进行光照实验，结果发现了水很容易被分解成氧（图 5-4）。

氧化钛自身并没有溶解，哪怕持续几天进行光照，其表面的特性也不会发生任何变化，仍然是光溜溜的样子。

图 5-4 所示为氧化钛电极的**电流-电位曲线**，理论上如果在 pH＝7 的中性电解液中，从水中产生氧气所需要的电位，相对参比电极（饱和甘汞电极）约为 1.0V。相对于这个理论值，在实际的电极上使用铂金（Pt）时，如果不施加 0.3～0.5V 左右的偏压，水中就不会产生氧气。

但是，如图 5-4 所示，水在光照射后的氧化钛表面分解产生氧气，约从 $-0.5V$ 就开始了。

我把这种现象称之为"**光增感电解氧化**"，发表在当时的日本化学学会的论文杂志《工业化学杂志》上（TiO_2 半导体电极中的光增感电解氧化，藤岛昭、本多健一、菊池真一，72 卷，第一号，108～113，1969）。

继续上文的报告，当时还做了另一个实验。假设氧化钛表面产生氧气，同时还生成 H^+，那么当进行光照时氧化钛电极室的 pH 值也可能减少。

图 5-5 是那时的实验图。图 5-6 是实验结果。

将铂金电极的电压设定在 1.5V 进行水分解时，同时设定一个低于 1.5V 的电压（0.0V、0.5V）。对氧化钛进行光照，用图呈现实验中的 pH 值变化情况，结果与预测的一致。预测被验证的那个情景，真是让人终生难忘，直到现在还常常让我回味到研究的乐趣。

光解水发现之前的相关科学史

而且，光合作用反应的初期过程正是植物进行的最重要的反应。也就是叶绿素受到太阳光的辐射分解水，这不是与氧气的产

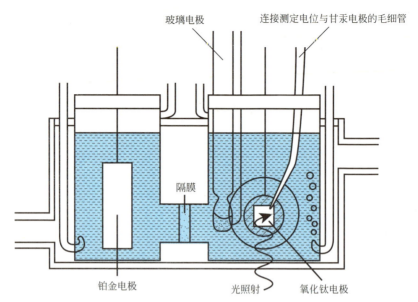

图 5-5 测定 pH 变化实验时的电解池结构

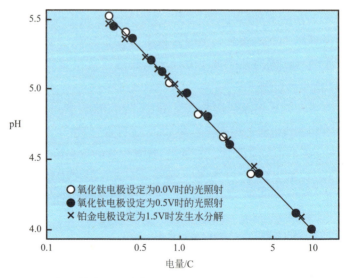

图 5-6 氧化钛电极、铂金电极电量的对数值与 pH 的关系

生过程完全一样吗？突然意识到这一点的时候，真是激动的夜不能寐。直到今天还清晰地刻在脑子里。然后，写了一篇很短的英文论文发表了（Electrochemical Evidence for the Mechanism of the Primary Stage of Photosynthesis. A. Fujishima, K. Honda, Bull. Chem. Soc. Japan，44（4）1148，1971）。

只要我们仔细地解读科学史，会发现距离安东尼·卡莱尔、威廉·尼克尔森他们首次成功电解水，已经有 1800 年了。这也是意大利的亚历山德罗·伏特刚刚发表了伏特电池之后的实验结果（表 5-1）。

表 5-1　光解水发现之前的主要科学史年表

1648 年	简·范·赫尔蒙特（1579—1644）：柳树实验（启发了后来的光合作用）（1648 年是他的儿子将父亲的遗稿以"医学的起源"之名出版的发行年）
1754 年	约瑟夫·布莱克（1728—1799）：发现二氧化碳
1766 年	亨利·卡文迪许（1731—1810）：发现了氢（1783 年由拉瓦锡命名）
1771 年	卡尔·威尔海姆·舍勒（1742—1786）：发现了氧①
1774 年	约瑟夫·普里斯特利（1733—1804）：发现了氧（拉瓦锡命名）
1800 年	亚历山德罗·伏特（1745—1827）：发明伏特电池 同年，安东尼·卡莱尔（1768—1840）和威廉·尼克尔森（1753—1815）：使用伏特电池，首次电解水成功
1806 年	汉弗莱·戴维（1778—1829）：电解发现钠和钾。之后，又陆续发现了钙、镁、硼、钡等 6 大元素
1833 年	迈克尔·法拉第（1791—1867）：法拉第电解定律
1839 年	亚历山大·埃德蒙·贝克勒尔（1820—1891）：发现光起电力效果（贝克勒尔效应）
1883 年	查尔斯·弗里茨（1850—1903）：发明了早期的太阳能电池（能源转换效率 1% 以下）
1905 年	阿尔伯特·爱因斯坦（1879—1955）：用光量子假说解释光电效应
1954 年	格拉尔德·皮阿森（1905—1987）等（贝尔研究所）：发明硅太阳能电池
1958 年	太阳能电池世界首次实用化，人造卫星上搭载太阳能电池（美国）
1960 年	理查德·威廉姆斯（生卒年不明）：以各种半导体作电极的光响应

续表

1966 年	海因茨·格里谢（1919—1994）：氧化锌的光溶解反应产生氧气
1967 年	藤岛昭（1942— ）、本多健一（1925—2011）、菊池真一（1902—1997）：发现光解水 (本多-藤岛效应)，初次发表（《工业化学杂志》，1969 年）
1972 年	Nature 上发表（A. Fujishima and K. Honda, Nature, 238, 37, 1972）

① 虽然舍勒发现氧比普里斯托里早，但普里斯托里提交论文的时间在前，舍勒记载实验结果的书籍出版的时间晚，所以现在一般认为是普里斯托里发现了氧。

从那以后，分解水需要电压成为一种常识。所以，当我在学会上作"光解水成功"的报告时，根本无人搭理我。甚至还有人说："还是回去把电化学学好了再来吧。"博士论文的审查也迟迟不能通过。

Nature 上发表论文的缘由

我认为，由于光增感电解氧化是在氧化钛电极上发生的，水中产生的氧是在负电位下发生的，所以和容易产生氢的铂金电极组合后，就相当于得到了可分解水的湿式光电池。实际光解水实验如图 5-7 所示。

我将此结果，和指导教授本多健一先生一起联名发表在 1972 年的科学杂志 Nature（《自然》）上。通常，即使把论文投稿给 Nature，几乎马上就会收到"这个内容很重要请首先投给专业杂志"这样的回信。或者，运气好的话通过了几个专家的审查，然后返回一堆修改意见，最终被采用的论文少之又少。

但是，我们的论文发出去不久就很快收到采用的回信，而且直接刊登了原文。Nature 的审查员表明虽然"光解水"是个当时来讲从没有出现过的内容，但还是理解其重要性。因此这篇论文一个字都没有校正过，也没有添加详细的说明图。

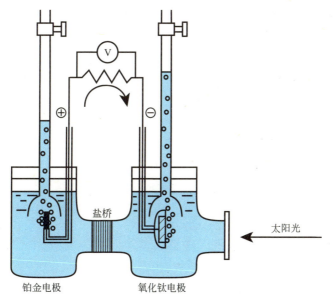

图 5-7　1972 年发表的用氧化钛电极分解水实验的装置示意图

自从这篇论文在 Nature 上刊登后，就被无数的研究者引用。第二年发生的石油危机，光解水产生的氢被视为石油的替代能源，氢作为终极的清洁能源吸引了全世界关注的目光。

1974 年元旦的《朝日新闻》头版、"朝日奖"、"汤姆森路透引文桂冠奖"

接着，1974 年元旦的《朝日新闻》在头版以整版的版面报道了**"太阳——梦想的燃料"**（图 5-8）。

以这篇报道为契机，人们开始称呼我们的实验结果为"本多-藤岛效应"。于是，我在国内的境况也开始变了。

1983 年 1 月，还和司马辽太郎等人一起获得了**"朝日奖"**。之后的 2012 年，还获得了**"汤姆森路透引文桂冠奖"**，这一奖项是因为 Nature 上的论文被大量的研究者引用过（图 5-9）。

第 5 章　人工光合作用的最新常识　　145

图 5-8　1974 年元旦《朝日新闻》头版报道

图 5-9　2012 年汤姆森路透引文桂冠奖

当光照射在氧化钛上的时候，特别是**产生了氧气**的时候，我的心情非常激动。虽然氢可以作为能源利用很重要，但更吸引我的是**这个反应与植物的光合作用非常相似**。光合作用是支撑地球上的生命和能源循环非常重要的反应。植物光合作用的过程非常复杂（参见图5-1），即使现在也还在持续研究中。

光催化剂的定义

有一天早晨，我带着狗在自己家附近的公园里散步。看着樱花树的叶子沐浴着灿烂的阳光，突然灵机一动，"本多-藤岛效应"跟这些植物的光合作用的过程不是很相像吗？也就是说，我认为氧化钛上产生的氧气，在外部负荷（电阻线）的能源转换作用下铂金电极上产生的氢气，这**些都可以与光合作用的三个过程相对应**。而且，我们现在已经可以认为叶绿素和氧化钛都是光催化剂的"同类"。

所谓光催化剂，可以定义为：**一种自身在反应前后不发生任何变化，通过吸收光促进反应的物质。**

植物的光合作用，就是**叶绿素作为光催化剂在发挥作用**，吸收太阳的光能分解水，呼出氧气，从二氧化碳中合成有机物的过程。

2013年，"东京理科大学葛饰校区"在东京都葛饰区金町建成投入使用。

在新校区图书馆大厅的一楼，建了一个理科大科学展览馆，主要展示大学里老师们的最新研究成果。在展示馆一角，有个光催化角。

从屋顶通过光导管导入太阳光，可以观察到太阳光直接照在氧化钛表面产生氧气。另一侧，从铂金电极上涌现出大量的氢气。图5-10所示的内容告诉我们光解水和植物的光合作用有类似之处。

图 5-10　理科大科学展览馆里布置的光催化说明图

自从光催化一词诞生以来，人们对有效地人工再现植物所进行的光合作用不再怀疑。希望能够集合人类所有的智慧，抓住机遇，迎接挑战。

发现氧化钛光催化制氢的局限性

自从 1974 年元旦《朝日新闻》报道了"太阳——梦想的燃料"一文以后，引起了举世瞩目。虽然是一件好事，但也有很多人给我提出了各种问题，譬如"氢气到底能出来多少？""很便宜就能做到吗？"等等。

这些让我很感动，这种感动不亚于当初发现实验中产生了氧气及其与植物的光合作用的关系，同时，这一发现也迫使我不得不去研究制备氢气。

氧化钛的单晶体是很贵的，这次我用与高尔夫球杆材质相同的金属钛薄板，如图 5-11 所示将薄板放在燃烧炉上烘烤后，使表面形成一层氧化皮膜，在上面铺满带有氧化钛功能的物质，使之产生氢气（图 5-12）。

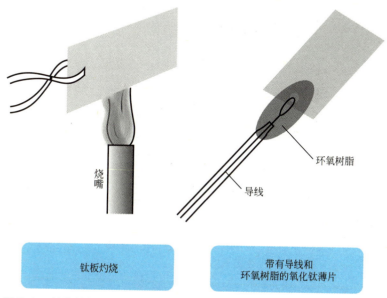

钛板灼烧　　　带有导线和环氧树脂的氧化钛薄片

图 5-11　灼烧钛板制作氧化钛

于是乎，在东京大学工学部 5 号馆的屋顶上，从 1m 左右的四方形氧化钛薄板上，**每天可以成功地取得 7L 的氢气**。

看着小小的气泡不断冒出来，心情也很激动。但用火柴一点，瞬间燃烧殆尽。氢气是燃料电池的基础，所以最好的方法是能从太阳光和水中高效地提取氢。

然后，又有人来问我们："能源转换效率是多少呢？"

如果计算一下，7L 氢气的能源转换效率仅仅只有 0.3%。

主要原因是**氧化钛只能吸收近紫外线**。

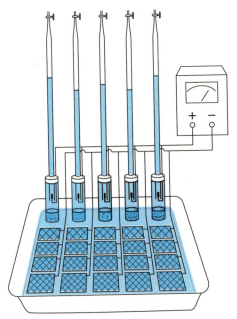

图 5-12 使用氧化钛电极在太阳光照射下产生氢气的实验

这样,太阳光中能够激发氧化钛的光子数很少。因此,单纯依靠氧化钛自身高效地产生氢气是很困难的。

所以,现在全世界的研究者们都在探索一些新的方法。譬如有的对氧化钛进行修饰,有的使用其他的金属氧化物、金属氮化物等,试图获得**包含太阳光在内的所有可见光都可利用的光催化体系**。

5.3 迅速发展的人工光合作用的最新动向

太阳能电池和水的电解混合系统

近年来,使用光催化剂,以水和二氧化碳为原料,制造氢气和汽油等太阳能燃料或甲醇、烯类物质等太阳能化学品的人工光合作用的研究日趋活跃。

人工光合作用的课题,如前文所述,是以"本多-藤岛效应"的发现为契机,世界各国的研究者才开始致力于各种光催化剂和半导体光电极的光电化学的研究。

如图 5-9 所示"汤姆森路透引文桂冠奖"颁奖后,论文的被引用数还在不断增加,可见对这个领域的研究在世界范围内掀起了一股热潮(参照图 5-16)。

广义地说,人工光合作用的研究,除了光催化-光电极体系以外,还包含**太阳能电池和水电解单元的组合(耦合体系)**的研究。

所谓耦合体系,就是利用太阳能电池吸收光能、利用电解水单元发生化学反应的一种体系。

2017 年 5 月,我在匈牙利召开的光电化学国际学术会议上做过主旨演讲,并与那时的大会组织者、美国圣母大学(University of Notre Dame)的 Prashant V. Kamat 教授(*ACS Energy Letters* 主编)进行过一次交谈,对话内容刊登在 *ACS Energy Letters* 的 2017 年第 2 期上。对话中我谈到了通过光催化分解水的研究,利用从太阳能电池中获得的电力进行电解水得到氢的方法,很重要的一点还是要注意比较能源转换的效率(图 5-13)。

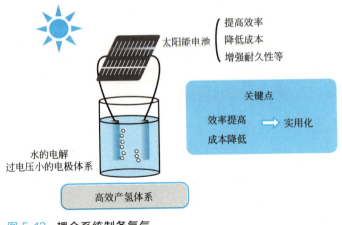

图 5-13 耦合系统制备氢气

就在最近的《应用物理》[1]（2017 年 8 月号）上，东京大学、宫崎大学、北九州市立大学的研究者发表了这方面的研究成果，**太阳光的能源转换效率达到了 24.4%！**

引人瞩目的金属氧化物材料

以美国哈佛大学丹尼尔·诺瑟拉教授领衔的研究小组，正在研究开发太阳能电池和电解水单元一体化的人工叶片（artificial leaf）。

实用化面临的问题，除了提高效率，同时还有成本问题。所以急需开发便宜的、可以大面积展开的太阳能电池。另外，电解水单元，也需要解决经济的、很小电压即可驱动的电极催化剂，从而推动固相催化和分子催化的研究不断发展。

另一方面，作为光催化-光电极体系材料，除"本多-藤岛效应"中使用过的氧化钛等金属氧化物外，其他的**金属氮化物、金属硫化物**等由于自身带有半导体性质，最有可能成为人工光合作用的催化材料群之一。

---

[1] 《应用物理》：日本应用物理学会创办和发行的应用物理学类日文期刊。

其中，**金属氧化物材料**由于比较简单，可大量地合成，在满足便宜又可大面积展开的条件方面，是实用化上值得优先考虑的材料。除半导体材料以外，利用金属络合物（金属离子和化合物结合的物质）的研究也正在如火如荼地展开。

可见光也可以使水完全分解！
单一体系和 Z 型体系

自 1967 年发现"本多-藤岛效应"以来，为提高光解水的效率，对光催化材料的探索就不曾停止。但迟迟没有找到称得上有突破的材料。

然而，进入 21 世纪后，发现了一组称为金属氮氧化物的光催化体系，其最终可以通过可见光照射使水完全分解。

而且，也有报告显示，即使是金属氧化物材料，也能响应约 **500nm（纳米）的光，将水完全分解**。上面所述的体系都只使用了一种光催化类型的材料，被称为**单一体系的光催化**（图 5-14）。

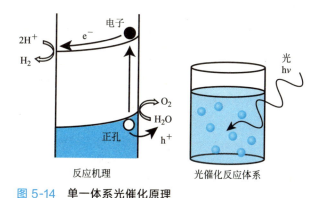

图 5-14 单一体系光催化原理

与此相对的，使用两种以上光催化组合型的材料，被称为 **Z 型光催化**。

正如图 5-1 中所介绍的那样,下面所述的模仿植物的光合作用的原理,由产氢的光催化剂和产氧的光催化剂,以及在两者间实现电子传递的中间体构成。

与单一体系光催化相比,这种体系所用的催化剂的带隙可以更小,所以就**可以利用波长更长的可见光对水进行分解**(图 5-15)。

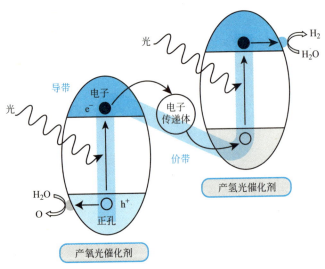

图 5-15　Z 反应型光催化原理

目前为止,大多数的人工光合作用研究,都是将粉末状的光催化剂悬浮分散在水中进行的。但最近,随着人工光合作用的实用化研究进入人们的视野,也有人提出了一种**将光催化剂固定在薄板后使用的方法**。

日本引领二氧化碳的还原和资源化

火力发电厂等场所产生的二氧化碳,以前一直都是作为废弃物随意排放的。因此,大气中的二氧化碳浓度不断增加,这是导致地球变暖的原因之一。

近年来，利用光催化技术使二氧化碳还原，变成有用的化学原料和燃料的产业正在形成，并有加速发展的趋势。

日本国内大型企业和研究所的相关研究人员联合起来，组成**人工光合化学流程技术研究小组**（ARPChem），在国家的鼓励支持下从事研究开发，在这一领域日本已经取得了惊人的成果。

现在，在新能源产业技术综合开发机构（NEDO）的项目下，同时开发中的**膜分离技术与合成催化技术结合**，面向塑料的原料烯类基础化学品的合成技术的开发研究，正在不断推进。

从大自然中学习，拓宽视野找到最优解

人工光合作用要做到实用化，首先要实现**太阳光的氢转换效率（STH）**达到10%的目标。

仅仅依靠光催化进行水分解，目前为止氢转换效率最好的报告结果是1.1%。太阳能电池和水的电解单元组合的耦合系统，不少报告显示氢转换效率超过了10%，如前所述，也有报道过**超过20%**的。当然，要做到实用化还要解决成本问题。

要准确给出植物光合作用的氢转换效率不太容易。一般情况下植物的光合作用效率估值在**0.2%左右**。我们应该从大自然中学习，不应该将焦点盯在眼前的效率上，而应该**拓宽视野**找出最好的解决方案。

人工光合作用将在解决资源、能源和环境问题方面发挥关键作用，这一点是毋庸置疑的。因此，促使年轻一代的研究者和技术开发者参与其中，也是很重要的。

作者纵谈

汤姆森路透引文桂冠奖及论文被引用次数

2012 年笔者获得了"汤姆森路透引文桂冠奖"。这次获奖，是由于成功在氧化钛电极上光解水，且 1972 年发表在 *Nature*（《自然》）杂志上的论文被引用次数多的缘故。

图 5-16 中显示了 *Nature* 杂志上论文被引用次数的年度变化。从 2000 年开始逐年增加，**到 2010 年有了爆发式增长**，这几年一直维持在高位。

由此可见，光催化在众多研究者中为人熟知，与之相关的研究从世界各地发表的论文中可见一斑。

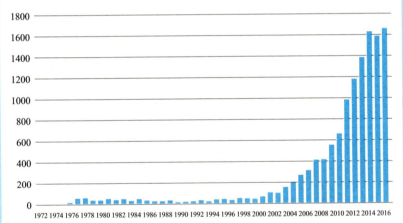

图 5-16　A. Fujishima and K. Honda, *Nature*, 238, 37-38（1972）论文的年被引次数

在由光化学领域的研究者组成的光化学协会中，*Journal of Photochemistry and Photobiology C：Photochemistry Reviews* 作为一本官方期刊，由荷兰爱思维尔出版社（Elsevier）从 2000 年开始发行。我作为该期刊的创办主编直到现在仍然在任。

我发表在该期刊上第 1 卷第 1 号第 1 页的光催化综述文章，如图 5-17 所示，也从 2009 年以后，每年有**超过 500 次**的引用。

这篇英文综述性杂志以光催化为中心获得了世界范围内的认可。作为一本研究型论文杂志，大概可算是日本研究者心目中的**高影响因子（IF ≥ 15）**期刊。因此，我为获得世界的认可感到自豪。

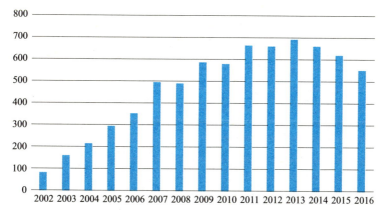

图 5-17　A. Fujishima, T. N. Rao, and D. A. Tryk, *Journal of Photochemistry and Photobiology C: Photochemistry Reviews*，1，1-21（2000）论文年被引次数

第6章

反应机理和光

6.1 光催化反应的两大主角

本书的前半部分，主要从宏观的角度介绍了光催化反应对日常生活的影响，涉及净化空气和水等内容，光催化作为环境净化技术活跃在我们身边。

从这章开始，我们将把视点转向微观。介绍光催化反应时到底发生了什么，是什么吸引了全世界研究者孜孜以求的目光，又是什么让我们觉得有趣，从而推动研究持之以恒的继续下去。

氧化钛的使用量
反映一国的文化水准

行行复行行，此身犹在青山中。

这是种田山头火❶（1882—1940）有名的自由律俳句（相对于五七五的定型诗句，不受定型束缚自由而作的诗句）。可能科学研究也有与此相通的地方吧。即使笔者从事光催化研究已经超过 50 年，但还是感觉一山更比一山高，望山跑死马。

但是，这个入口却极其简单。

完成光催化反应需要两大要素。一是光半导体之一的**氧化钛**，二是太阳光和室内光等各种**光**（图 6-1）。

本章就从主角之一的氧化钛开始讲起。

氧化钛是极其常见的物质。白色颜料、化妆品、食品、纤维、纸等各行各业都广泛使用（图 6-2）。

---

❶ 种田山头火：日本自由律俳句的著名俳人，本名为种田正一。俳句，日本的一种古典短诗，由中国古代汉诗绝句这种诗歌形式经过日本化发展而来。

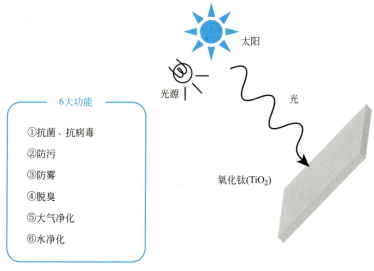

图 6-1 光催化的两大主角

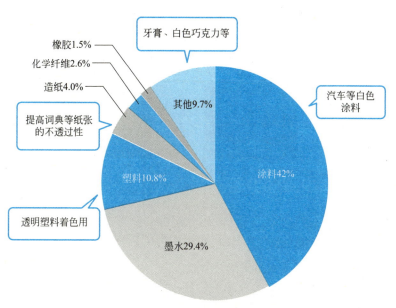

图 6-2 日本每年约 20 万吨氧化钛使用量的用途分布（2010 年数据）

第 6 章 反应机理和光

日本每年大约消费 20 万吨氧化钛。**氧化钛的使用量也可以说反映了一国的文化水准**。

氧化钛的制作方法

氧化钛（TiO_2）是从铁和钛的氧化物**钛铁矿**（$FeTiO_3$）或**金红石矿**（TiO_2）中提炼出来的（图 6-3）。

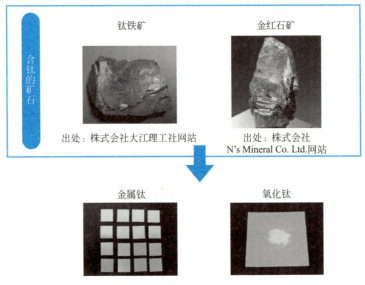

图 6-3 从矿石到金属钛和氧化钛

出产矿石的地方，主要集中在中国、澳大利亚、乌拉圭、南美等一些国家和地区。其中，主要成分为钛的氧化物（TiO_2）的金红石矿的主要产出国是澳大利亚。

钛（Ti）在元素周期表中，属于 54 个稀有金属之一。日本几乎没有钛矿石，大部分都是从澳大利亚和南美进口。

氧化钛的制造方法，请参照图 6-4。按照从钛矿石到制造氧化钛粉末的制造过程,可以分为**硫酸法**和**氯气法**。

这两大方法中,颗粒的形成过程有液相或气相的区别。所以,硫酸法又称为**液相法**,氯气法又称为**气相法**。

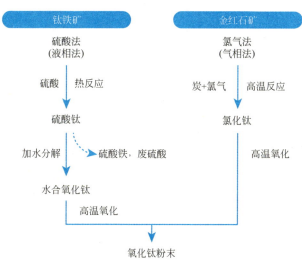

图 6-4 氧化钛的两种制造法

硫酸法和氯气法的原理

硫酸法主要以钛铁矿为原料。首先,以浓硫酸将钛铁矿溶解,将铁以硫酸铁的形式分离出来。此时,对得到的硫酸钛进一步加水分解后,就成为**含水的氧化钛**。然后在氧气环境下通过加热生成氧化钛。

一般认为在硫酸法中,硫酸钛加水后分解出来的含水氧化钛的性质,将会影响到最终的氧化钛粉末的一次粒子直径及其分布。

另外,钛铁矿原料中所含的铁等杂质较多,因而**光催化活性**

也比较低。而且制造过程中产生大量的硫酸铁、废硫酸等废弃物也是一个很大的问题。

另一方面，在**氯气法**中，是以主要成分为 TiO_2 的金红石矿为原料，使用金红石矿、炭和氯气在高温下发生反应合成氯化钛，然后通过高温氧化得到氧化钛粉末。这一方法最大的特点，是仅依靠气体参与气相反应而合成氯化钛，所以可以获得**高纯度的氧化钛**。

和硫酸法相比，氯气法的**缺点是成套设备造价很高**。但可以制造出无论颗粒大或小都能获得**很好结晶的氧化钛**。

另外，氯气法制造过程中使用的**氯气可以重复利用**，这也是其在世界上被广泛使用的原因。

氯气法制作出来的氧化钛光催化粉末是一种高活性的光催化产品，被人熟知的有**"ST 系列"**（石原产业）和**"P25"**（日本 AEROSIL）。

将颜料等与氧化钛粉末混合后，可以取得掩盖材料底色的效果。由于其优良的遮盖性能，世界各地除颜料以外，纤维、造纸、塑料等行业也大量地使用。

不仅限于白色的材料，为了获得更好的**遮盖效果**，着色颜料等也会使用氧化钛。其他的，如**化妆品的紫外线吸收剂**中也大量使用了氧化钛。

光催化的氧化钛是锐钛矿型

氧化钛的性质特点，是一旦接收光能就会自带活性。

所谓活性，就是容易发生化学变化。

由于光的作用而产生该状态被成为**光活化**，光活化后物质具有的性质称为光活性。使用白色颜料和化妆品的紫外线吸收剂时，有必要尽可能**抑制其光活性**。

如果存在光活化，与之接触的物质就会被分解掉。因此，氧化钛表面一般还会涂上一层氧化铝（Al_2O_3）或二氧化硅（SiO_2）（图 6-5）

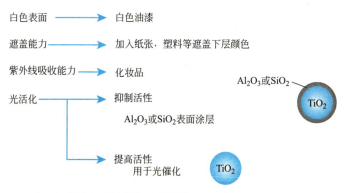

图 6-5　氧化钛主要的特征及其利用

另一方面与之正好相反，在氧化钛作为光催化剂使用时，要最大限度地提高其光活性。

如图 6-6 所示，氧化钛有被称为**金红石型**、**锐钛矿型**、**板钛矿型**等三种不同类型的结晶形态。从光活性特点来看，一般认为**锐钛矿型的活性较高**，作为光催化剂也是这种类型的氧化钛用得较多（一般情况下颜料中使用的是金红石型）。

而且，与颜料用的氧化钛不同，光催化用的氧化钛表面也不会涂层，而是以微细的状态，固定在瓷砖等各种各样的基材表面使用。光催化剂的制作方法请参照第 7 章的详细介绍。

金红石型	锐钛矿型	板钛矿型
	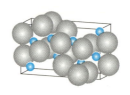	
具有优良的耐候性和遮盖力的白色颜料、涂料	容易合成 颗粒细小 光催化常用	制备困难 主要用于研究

图 6-6　氧化钛的 3 大结晶系

有效利用近紫外线是个打破常规的思路

对氧化钛光催化来说，效率高的光是**波长在 365nm 附近的近紫外线**。

从能量的有效利用及室内实际应用的角度来看，希望能开发出利用可见光的光催化材料。

在这方面，作为 NEDO 光催化项目的成果之一，开发出了一种具有很强的抗菌、抗病毒活性，可用于室内装修的建筑材料，在"将太阳光引入室内"（参照第 18 页）一节中已作详细介绍。而且，最近也在探讨一些其他的方法。譬如打破常规的一些思路，是否可将包括室外的太阳光在内的近紫外线，采用"**光输送管**"或"**光导管**"等将之有效地导入室内。在屋顶等地方安装太阳光追踪和采光装置，然后发送到集光装置。这里所收集的光，是指对光催化效率较高的波长在 **365nm 附近的光**，传送到光输送管或光导管。提高光输送管内部的壁面反射率，使之尽可能传送高密度的光。

如果光导管配置在建筑物内部，那从结构上就需要考虑配置场所是否能有效地透光（图 6-7）。

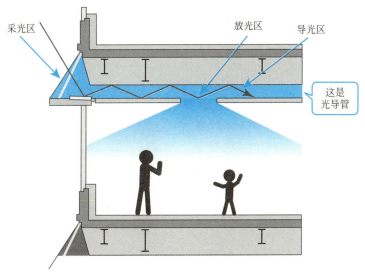

图 6-7 打破常规思路的"光导管"的应用

这一设想在日建设计株式会社的大力协助下得到了实现，东京理科大学葛饰校区的理科大学科学展览馆的厕所空间里就导入了这个装置。通过高效地传送对光催化有效的近紫外线，使得**除菌时间缩短了一半**，大幅提高了厕所的自清洁功能。

说起来光催化应用开发的契机，也是源于净化厕所的一个课题，即我还在职时的东京大学工学部 5 号馆的厕所。在东京理科大学科学展览馆的厕所里采用光催化技术，也算是再一次回到原点，使光催化的可能性得到了进一步的拓展。

例如，对一般医院里的住院患者以及老人公寓里的高龄老人来说，想晒晒太阳的愿望是很强烈的，将**光催化和光输送管及光导管组合起来**，在使整个空间变得干净整洁的同时，还能满足大家沐浴阳光的要求，感觉真的成就了一个极好的建筑空间。

关于室内光催化的应用研究，至今为止都是在以光源为限制的基础上进行的，所以主要着眼于如何提高光催化性能方面。但以东京理科大学科学展览馆付诸实践的未来型厕所为示范，今后从室外导入太阳光后，从应用研究的可能性来看，应该会开拓一条完全不一样的新路吧。

6.2 氧化钛是半导体的一种

什么是半导体

半导体一词,顾名思义,是**半个导体**,意思就是**拥有一半导体的性质**。所谓导体,就是导电(传导)的物质。

例如,广泛用于输电线路的铜和铝等都是导体。

另一方面,还有如玻璃和橡胶等不导电的物质,它们被称为**绝缘体**。

于是,位于导体和绝缘体之间,**根据条件变化能够导电**的物质就是半导体(图 6-8)。

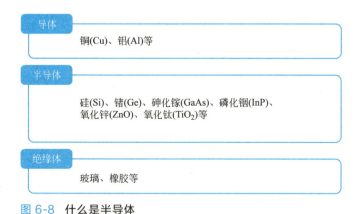

图 6-8 什么是半导体

这里所说的条件,是指加热或者进行光照。人类通过控制这些条件,可以控制电流。

几乎所有的电子产品都会使用半导体,所以半导体又被称为电子产业的"大米"。

本征半导体和杂质半导体

半导体分为四种：①单体半导体；②化合物半导体；③氧化物半导体；④非晶半导体。

所谓单体半导体，就是由类似硅和锗等单一元素构成的半导体，由于没有混入杂质，所以又被称为**本征半导体**。

与此相反，加入微量的杂质使电流传导更快捷的被称为**杂质半导体**。杂质半导体根据混入的杂质的性质不同，又可分为 **n** 型和 **p** 型（图 6-9）。

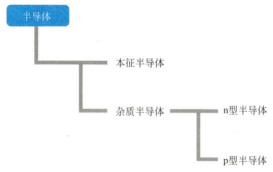

图 6-9 半导体的分类

n 型半导体，就是由**带负电的电子（e⁻）**参与导电的杂质半导体。

p 型半导体，就是由**带正电的正孔（空穴、h⁺）**参与导电的杂质半导体。

所谓空穴，即电子在应有的位置不存在，呈现缺电子的状态，看起来就好像是正电子在活动，所以以"h⁺"表示。n 是英语 negative（负，减号）的第一个字母，p 是 positive（正，加号）的第一个字母。

氧化钛是具有光活性的 n 型半导体

氧化钛和氧化锌一样，都是**氧化物半导体**中的一员，特别是即使不掺入杂质，也能将结晶中的部分氧脱出，像杂质半导体一样发挥作用，所以分类上被称为 **n 型半导体**。

同时，由于氧化钛经过光照后具有带电性质，所以又被称为**光半导体**。因为它具有被称为**光效应**、**光活性**之类的性质，所以在光催化反应中得到广泛的应用。

要理解半导体的性质，有必要使用能带（**参照下一页**）的思维方式来观察它的能带结构。后述的文中，将可以观察到氧化钛的能带结构和光照时的效果。

6.3 氧化钛的能带结构和光照效果

半导体的能带结构

为了明白半导体的能带结构，首先要对原子结构（如图 6-10）有个简单的了解。

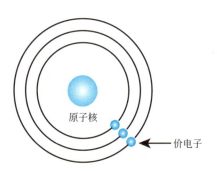

图 6-10　原子结构和电子轨道

原子的中心有带正电子的原子核，周围由带负电的电子（e^-）围绕着原子核的中心运动。电子的通道通常被称为**轨道**，各自的轨道中加入的电子数是固定的，最外侧轨道上的电子称为**价电子**。原子之间的连接（结合），就是价电子作用的结果。

半导体结晶就是非常多的原子结合在一起形成的。此时，轨道上的电子能量，一般认为存在于某个**宽度**中。这个宽度就是**能带（带隙）**。于是，从原子核出发来看，最外侧的能带被称为**导带**，而内侧的能带被称为**价带**（图 6-11）。

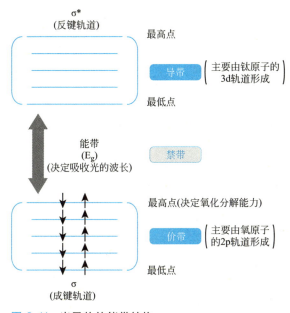

图 6-11　半导体的能带结构

禁带宽度和带隙能量

能带和能带之间，被称为**禁带**，在这里不存在电子能量。

价带和导带之间的禁带能量的宽度称为带隙。当外加能量大于带隙时，就会把价带上的电子**激发**到导带上去（这被称为激发态），**半导体就能导电**。

如果仔细观察，会发现价带和导带各自都有个最高点和最低点，因此可以说，**在价带的最高点（价带顶）和导带的最低点（导带底）之间的能量差就是带隙**。

电子进入导带就处于可自由移动的状态（传导电子）。**带隙是电子为了获得自由不得不翻越的壁垒，而越过带隙的能量即为**

带隙能量。

如果在半导体上照射相当于带隙能量的光，价带上的电子由于受到外部施加的能量将跃迁到导带，这一状态即为激发态（图 6-12）。

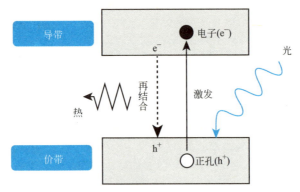

图 6-12　半导体光照的效果

一般情况下，半导体在激发态下是不稳定的，容易发生分解等反应，但**氧化钛即使是在激发态下也非常的稳定**。其原因目前虽然还不是很清楚，但正是因为这一点，证明了氧化钛是优质的光催化剂。

影响光催化反应的三个因素

在半导体的能带结构中，影响光催化反应的因素有三个：①带隙能量（E_g；Energy Gap）；②导带底位置；③价带顶的位置。

决定光催化反应的有效光的波长，主要是**带隙能量**。另外，以能量（单位电子伏特 eV；electron Volt）换算光的波长（nm），用"**$1240 \div E_g$**"就可以非常简单地计算出来。

由于光催化使用的**锐钛矿型的氧化钛带隙能量是 3.2eV**，根据换算公式可知，只有其能量**高于波长为 388nm** 的光才是有效光。

另一方面，决定光催化氧化分解能力的，目前认为主要是**价带的最高点（价带顶）的位置**。

6.4 氧化钛的结晶形态和光催化活性

氧化钛是如何被发现的

氧化钛最早被发现是在 18 世纪末。

1791 年,英国牧师格雷戈尔在铁矿砂中发现了铁以外的金属氧化物。数年后,德国化学家克拉普洛特从匈牙利产的金红石矿中,发现了那时尚不为人所知的新的金属氧化物。他借鉴古希腊神话中盖亚(大地之神)的孩子们的名字泰坦(Titans),将新元素命名为钛。从那以后,氧化钛在工业中被当作颜料使用了约 100 年,对于纳米大小的氧化钛光催化剂的开发也已经过去 40 年了。

氧化钛的结晶形态,如图 6-6(参照第 166 页)所示,虽然有金红石型、锐钛矿型、板钛矿型三种,但工业上可利用的只有**金红石型和锐钛矿型,两者都属于正方晶系**。板钛矿型属于斜方晶系,仅限于学术层面的某些兴趣研究。

氧化钛作为颜料使用时,由于要求对覆盖底色要具有良好的遮盖性以及优良的着色能力,所以相比锐钛矿型,一般使用折射率更高的金红石型。

另一方面,如前所述,一般作为光催化剂使用的是锐钛矿型,但这也要根据氧化钛光半导体的特点、能带结构的不同而定。

金红石型和锐钛矿型的禁带宽度

如前所述,带隙就是半导体的能量结构中价电子带和传导带之间的能量差,但如果将金红石型和锐钛矿型的带隙值进行比较,就会发现金红石型为 **3.0eV**,而锐钛矿型为 **3.2eV**(图 6-13)。

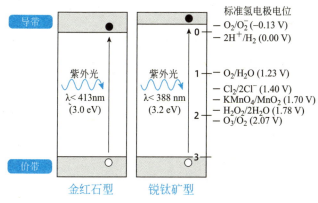

图 6-13 金红石型和锐钛矿型的禁带宽度比较

这是因为,通过波长换算后,**金红石型大约为 413nm,锐钛矿型大约为 388nm**,当接收到比两者的计算波长更短的光波照射时,就会产生光激发现象。由计算出的波长可知,金红石型可以稍微吸收接近可见光部分的光,看起来似乎很适合作为光催化剂使用,但实际上锐钛矿型却显示了更高的光催化活性,这是为什么?

锐钛矿型具有更高光催化活性的原因

其原因之一,就是**两者能量高低**上的差异。

价带的位置,双方都处于很深的位置,生成的正孔显示了非常强大的氧化分解能力。

所谓正孔（h^+），就是**电子脱出后的空穴**。价带上会产生与导带上跃升的电子数相等的正孔。这种**氧化分解能力**比在化学实验中使用的氧化剂高锰酸钾（$KMnO_4$）**更为强大**。

另一方面，由于导带的位置位于氢气的氧化还原电位附近，它的特点是还原力比较弱。

氧化还原电位，就是在氧化体和还原体两者都可溶的溶液中，铂金等自身不参与电极反应的电极在插入时所观测到的电极电位。

但是，如果比较结晶形态的话，就会发现与金红石型相比，锐钛矿型导带的位置位于更负的位置，比金红石型的还原力更强。由于导带的位置差异，整体上**锐钛矿型显示了更高的光催化活性**。

6.5 氧化钛光催化可利用光的波长

什么是可见光、紫外线、红外线

光催化反应的基本条件很简单，如前所述它的主角是氧化钛和光。换句话说，和植物的光合作用反应一样，**如果没有光，反应就无法进行**。光同时拥有作为能量波的性质和作为粒子（光子）的性质。波长就是表示波峰和波峰的间隔。若波长不同，其性质就会发生很大的变化。

图 6-14 所示为表现光整体映像的光谱图。

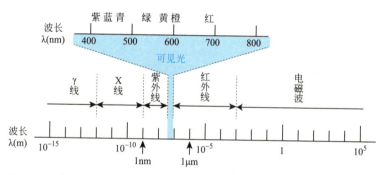

图 6-14　光谱图

其中，人们**用肉眼就能看见的光叫作可见光**。用波长表示大约是 400~750nm 的光。波长比可见光短的则是**紫外线**，长波侧是**红外线**。

我们身临所处的地球的光坏境，也就是从太阳传送至地球的光，其波长和能量分布情况如图 6-15 所示。

第 6 章　反应机理和光

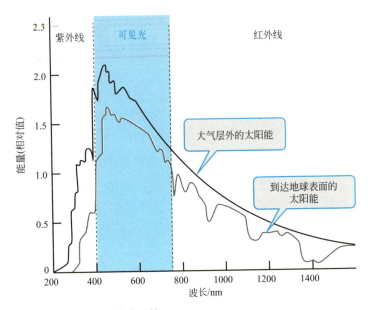

图 6-15　围绕地球的光环境

大气层外的太阳能并不是全部都能到达地球表面,因为平流层中的臭氧层会吸收一部分。

看图 6-15,就会明白到达地球表面的光能的主要部分是可见光。

氧化钛的独特性和普及推广的理由

参照以上太阳光能量的分布可知,在光催化中使用的锐钛矿型氧化钛的带隙是 **3.2eV**,换算成波长大**约为 388nm**,光催化反应就是**吸收比该波长短的紫外线**而进行的反应。也就是说,氧化钛光催化反应可利用的光,从到达地表的太阳光来看,是**非常有限的**。

如果是带隙更小的半导体,似乎就可以利用可见光了。但实际上，比氧化钛带隙更小的半导体，如果在有水分的状态下照射光的话，往往会发生**自溶解现象**。

其原因在于**半导体的能带结构**。这些半导体中，当价带的电子被激发到导带上，将会影响原子间的结合力。

氧化钛因其能带结构特点，使得自身**不会发生自溶解现象**，可以说是**非常稳定**的特殊物质。

对氧化钛光催化有效的光大约是 388nm 的波长，在紫外线中比较接近可见光，被称为**近紫外线**。紫外线中，作为杀菌灯使用的光是 254nm，也有比此波长更短、能量更高的光。但是，我们知道，类似这样能量很高的紫外线，对生物的 DNA 会造成很大的伤害。

氧化钛**不仅不会发生自溶解现象，也不需要对生物有害的高能量的光**，包括 LED 和荧光灯在内，从可利用波长相对比较长的近紫外线就可进行反应来看，作为光催化材料兼备了良好的性质。

6.6 强氧化分解和还原的原理

氧化钛表面到底发生了什么

那么，再让我们看一看氧化钛表面发生的反应吧。

反应首先从光照射在氧化钛上开始。光被氧化钛吸收后，会产生电子（e^-）和正孔（h^+）这两种载流子。所谓载流子，就是**在固体中运送电流的主体**。

在一般的物质中，电子和正孔很快就会发生再复合。但在氧化钛光催化中，**它们各自暂时都会留存下来**。所谓暂时，就是时间长河里的微秒（一百万分之一秒）而已。**载流子之间再复合的比例**，会给光催化反应效率带来很大的影响。

然后，暂时留存在氧化钛表面的两种不同的载流子，就会发生某些化学反应，即下面即将讲述的**氧化还原反应**。也就是说，**所谓光催化反应，就是通过载流子把光能转换为化学能的反应**。

氧化分解的原理

由于其能带结构的特点，除了被激发到导带上的电子具有还原能力外，氧化钛的最大特点是**正孔具有的强大氧化分解能力**。

在氧化锌（ZnO）和硫化镉（CdS）中，因为正孔导致这些半导体在水中被溶解掉，但在氧化钛中，结构极为稳定，所以不会产生氧化钛自身的溶解。

在水中，水和正孔反应后产生氧气，但表面如果存在酒精等有机物，由于这些有机物具有更容易被氧化的能级（电位），酒精等被分解，直到被氧化成二氧化碳。

如果不是在水中，而是空气净化器过滤器上的氧化钛，光催化表面有水，是**吸附的水**，这些水被正孔（h^+）氧化后，可以生成**氧化分解能力很强的羟基自由基（·OH）**。一旦表面有污渍或细菌、恶臭物质等有机化合物，就会和这个羟基自由基发生反应，产生一系列氧化分解反应，直至**最后分解成二氧化碳和水**（图 6-16）。

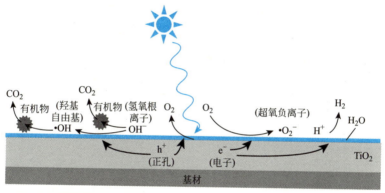

图 6-16　光催化的反应原理

在这个过程中如果有氧存在，有机化合物的中间体自由基还会和氧分子发生自由基连锁反应，甚至氧还会被消耗掉。根据条件的不同，也有可能有机化合物直接和正孔（h^+）发生反应，被氧化分解。

一般情况下，由于有机化合物比水更容易氧化，若有机化合物的浓度过高，正孔（h^+）被有机化合物的氧化反应使用的概率增加，载流子之间的**复合概率就会减少**。

还原的原理

另一方面，与之相对的还原反应，要判断是水自身的还原反应还是质子（H^+）还原生成了 H_2。如果是质子的还原反应，那溶解在水中的氧的还原会优先发生。

由于氧具有更容易还原的特性，如果有氧存在，水的光分解反应中就不是产生氢气，而是发生氧气的还原反应。

氧被还原后，可以生成超氧阴离子（·O_2^-）。这个超氧阴离子和氧化反应的中间体发生反应，形成过氧化物，变成过氧化氢（H_2O_2）后最终变成水。

此外，有人认为可以在空气中生成原子态的氧（·O），它会直接作用于有机物中的碳并与碳结合。

6.7 为什么会产生超亲水现象？

亲水性和憎水性的区别

防雾效果作为光催化的 6 大功能之一，在第 4 章已经介绍过，光照作用下表面的性质发生变化，于是人们发现了**超亲水性**。

说起来，所谓起雾现象，其实就是在表面形成的无数的小水滴，因为光被散射后发生的现象。

在超亲水性表面，水不会形成水滴，而是以同等的润湿扩散开来。由于不会发生光散射，所以处于不会起雾的状态。

那么，为什么氧化钛光催化表面会产生超亲水性呢？

从 TOTO 公司的研究者至今所获得的研究结果来看，主要原因在于利用氧化钛所拥有的强大的氧化分解能力和光催化反应，**使氧化钛表面自身的结构变化**造成的。

在光照射前，氧化钛表面容易被油润湿，但不太容易被水润湿。所谓润湿性（wettability），主要是指液体在固体表面表现出的亲和性（容易黏附），根据表面和液体的**接触角**（参照第 110 页）的大小评价。接触角越小，越容易润湿（润湿性好）。或者说亲液性高，也就是说**亲水性强**。

相反，接触角越大越不容易润湿，即疏液性，也就是**憎水性**。

氧化钛表面被光照射后一方面变得容易被水润湿，另一方面却变得不太容易被油润湿。如果**光照射持续**地进行，又会变成被**水和油都容易润湿的状态**。再继续进行光照射，又变成**容易被水润湿，却难以被油润湿**的状态。

氧化钛表面的结构变化引起关注

基于以上所述的现象，可参照如图 6-17 所示的表面结构变化原理图。

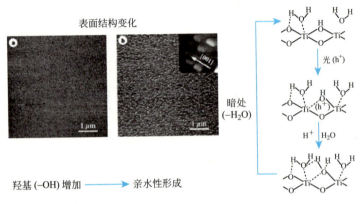

图 6-17　形成亲水性的原理

光照射前的氧化钛表面表现出同样的疏水性，随着光照射的作用，微小区域点的亲水性逐渐形成，最后全部形成亲水性表面。

在光照作用下，氧化钛表面在原子力显微镜下观察的图像如图 6-17 的左侧所示，无论对水还是对油都显示出非常溶合（**接触角小、容易润湿**）的状态。

光照射前，虽然得到了均匀的表面图像，但是一旦进行光照，就可以看到形成了无数的大小约几十纳米的明亮区域。这种图像，是由亲水性的探针和氧化钛表面之间的摩擦力的不同造成的，**明亮的部分是亲水性，灰暗的部分是疏水性（即亲油性）**。

6.8 不易脏和不起雾的作用机制有什么不同

防污效果的光界面反应和防雾效果的光固体表面反应

氧化钛光催化从大的方面区分,大致可分为两大性质。其中,一个是(A)**强大的氧化分解能力**,另一个是(B)**超亲水性效果**。

在(A)的情况下,氧化钛体现光半导体的性质。在表面有光照射时,光能通过氧化钛内部的电子和正孔(h^+)转换为化学能,如果表面有油污或恶臭物质、细菌以及病毒等,就会发生化学反应,最终强力分解为二氧化碳和水。

两种物质在接触的边界发生的反应叫作**界面反应**。在氧化钛表面发生的氧化分解反应,是因光能引起的界面反应,因此可以称之为**光界面反应**。

另一方面,在(B)的情况下,如前项所述,当光照射时氧化钛表面的性质发生变化,因此又可以称之为**光固体表面反应**。

(B)的光固体表面反应和(A)的光界面反应有着**明显不同的作用机制**(图 6-18)。

至今,光催化在不易起雾的窗玻璃和汽车的车门后视镜上的应用有了长足的发展。随着未来研究的进一步深化,还可以期待能控制表面的润湿性。如果亲水性/憎水性、亲油性/憎油性之间可以自由切换,那就不仅限于**防雾效果**,甚至可以期待在**印刷技术**等其他崭新的领域中获得应用。

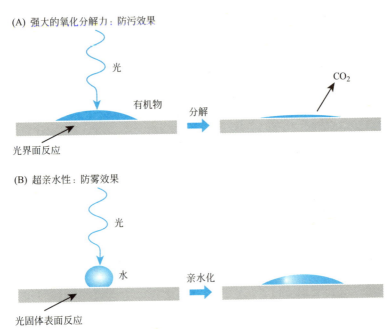

图 6-18　氧化钛表面受到光照射后发生的两大反应类型

自清洁是 2 个反应的合力作用

在超亲水性表面,由于水比油的亲和性更高,黏附的油污能沉入水中,但油本身仍然会自然地浮上来飘走(图 6-19)。

如果将这一性质运用在建筑物外墙或窗玻璃上,即使有油污,但一下雨就自然地被冲洗掉,就可以保持干净的状态。

当初开始研究时,由于油污很难黏上,还想着是否将表面变为憎水性呢。想不到居然发现了超亲水性现象。其原理与过去的光界面反应完全不同。

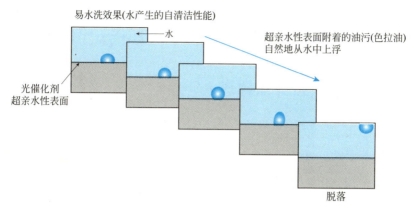

图 6-19　油污和水都脱落

另外，**仅仅沉入水中油污就浮了上来，这种效果也是出乎意料的现象**。完全与研究开发时所预想的不同的事情接连发生，就像躺着等待**创新的宝贝**不断涌现。

我觉得正是因为研究小组的同仁们拥有这样的期待和好奇心，才有了进一步前行的原动力。

虽说如此，也并不是什么时候都可以交好运的。

也需要确定目标。在材料开发阶段朝着目标，踏踏实实地积累经验很有必要。

在光催化的应用研究中，以超亲水性表面的**易水洗效果**和（A）的光界面反应产生的**氧化分解能力**的协同效果为目标，**自清洁效果**的研究开发正在持续推进。

其结果就是，厂家的开发人员的努力结出硕果，在建筑资材和道路相关的资材上得到了广泛的普及应用。参照第 2 章～第 3 章的介绍。

6.9 光催化具有多功能性的原因

为什么多个行业接连进入？

关于氧化钛光催化，已经有很多人开始研究，也有实际的产品投放市场，媒体也在很多方面进行了报道。

关注氧化钛光催化的企业也多种多样，有建材、纤维、电气设备、汽车相关、水处理等各行各业，有实体企业也有风投公司，规模也有大有小。

为什么有如此多不同形态的企业接连进入这个行业呢？

这与光催化拥有**抗菌**、**除臭**、**防污**等多种功能有关。另外，由于材料技术的进步，类似不耐热的聚酯薄膜等的材料表面也可以通过光催化涂层，增加产品功能。这也使得风投企业的人更容易发挥他们的创意。

通过增加公司现有产品的功能，创造出对社会有用的产品。

详细介绍请参照第 4 章光催化的多种功能，在 6 大功能中介绍了具体的产品群。

"本多-藤岛效应"延伸而来的 3 个研究方向

可能人们会对各种各样的功能感到困惑，但从光催化反应的基本原理来看，这些功能的实现是理所当然的。

这个基本原理的核心，就是发现了可以用光分解水，也被称为"本多-藤岛效应"。

以"本多-藤岛效应"为基础，研究方向大致可分为 3 个（图 6-20）。

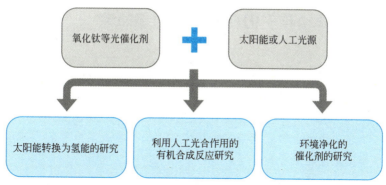

图 6-20　光催化研究的 3 个方向

光催化最初的研究，是**将太阳能转换为氢能**。后来，**从植物将二氧化碳还原得到有机物中受到启发**，开始了在**有机合成反应**中应用的研究。在这方面，人工光合作用的研究尤其引起人们的关注（参照第 5 章）。

另一个研究方向，是通过**光催化净化环境的**研究，利用光分解水的强大的氧化分解能力分解有机物，净化空气和水，创造舒适干净的环境。

最近，环境净化方面的研究飞速地进入实用化阶段，光催化产业迅速成长为 **1000 亿日元的市场规模**。

如果回头看看一路走来的研究历程，就会发现**光催化反应的本质在于水的光分解**。将这种反应作为净化环境的催化剂使用时，无论净化对象是有机物、细菌，或是恶臭物质、油污，都可以被分解，**证明了光催化的多功能性**。

最重要的是，到底应该把它看作多功能性并在此基础上进一步展开应用，还是把它仅仅看作是简单的不选择净化对象的非选择性反应？这是有区别的。大概问题的关键在于你的**发散性思维**到底有多灵活吧。

第 6 章　反应机理和光

作者纵谈

外出讲课给孩子们传授科学的趣味性

据说，现在日本的孩子们正在偏离理科的道路上渐行渐远。

如果对自然和科学感兴趣的孩子减少，那真是一件非常令人遗憾的事情。

为了使孩子们了解科学的趣味性，我定期去家附近的小学给小学生上理科课。

例如，为什么天空是蓝色的，而夕阳却是红色的？

外出授课中，我常常做一些简单的实验验证这些现象。

使用的道具，就是我自己一直以来的研究对象光催化用的氧化钛白色粉末。将这种白粉放一点点到装有水的塑料瓶中，然后用手电筒的光照射瓶底，就可以再现天空的颜色。

我自己每次都对如此简单的实验就能显示出很好的效果感到吃惊。

用这样类似的实验，解释身边各种各样有趣的自然现象。可以看到孩子们听后眼睛里放射出异样的光彩。

对平时认为是理所当然的事情保持关心，觉得不可思议，觉得很有意思（美感），保持这样的好奇心是非常重要的。

就像袅袅燃烧的香火一样不会熄灭。

这句话据说是物理学家，也是夏目漱石的弟子寺田寅彦，对即将毕业离开自己研究室的学生们经常讲的临别赠言。

我希望孩子们也对社会上各种各样的事情感兴趣，就像线香的火不会熄灭一样，更能保持对理科和科学的兴趣。每个人的将来都有无限的可能性，这就是我持续不断外出授课的动力。

第 7 章

光催化剂的
合成方法

7.1 光催化剂的形态

氧化钛溶胶、钛醇盐、氧化钛涂料

在第 6 章中,介绍了作为光催化剂使用的高活性氧化钛粉末的来源。本章中,将对光催化剂体系进行说明。

所谓光催化体系,就是利用光催化作用的反应体系。

将光催化运用到实际的产品或系统中。首先,在原料阶段找到符合使用目的的高活性的光催化剂是非常重要的。然后,将那些催化剂固定在瓷砖、玻璃、过滤器等**具体材料的表面**。

在实际应用中,氧化钛不是简单不变的粉末,而是经**适当加工,成为化合物后再使用**。

氧化钛溶胶,就是将 10nm 程度的微小的氧化钛粒子分散在水和溶剂中,外观几乎透明。这种程度的微小粒子不会使光产生散乱,也不会凝集,而是处于分散状态。把这种氧化钛溶胶涂在材料表面会形成一层透明的薄膜。而且,经烧结后,就可得到**透明的光催化薄膜**。

被称为醇盐的金属和乙醇的化合物,经常作为金属氧化物薄膜的原料使用。如果换成钛和异丙醇的化合物(钛酸异丙酯)等,也会经常用到。

如果将**钛醇盐**溶入乙醇溶剂中进行涂层,就会形成类似玻璃形态的非晶质的氧化钛。将它烧结后,可以得到**透明的结晶质的氧化钛**。

上述所列的氧化钛溶胶和钛醇盐,如果不是在高温下烧结就无法凝固。因此,现在开发出了一种氧化钛溶胶在接近常温状态下,加入黏合剂后就可以硬化的**氧化钛涂层液**。

黏合剂大多使用二氧化硅等无机体系的物质,可以避免由于氧化钛的光催化活性导致老化。通过类似的方法对氧化钛粉末进行加工,就可以将氧化钛固定在各种各样的材料表面了(图 7-1)。

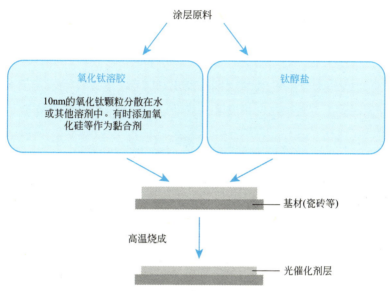

图 7-1 涂层原料中光催化产品制作法的例子

7.2 如何活用两种表面涂装工艺

湿法工艺和干法工艺

下面，介绍涂层工艺。

以氧化钛光催化为基材进行涂层的方法，如图 7-2 所示大致分为两大类。其中之一是**湿法工艺**，另一个是**干法工艺**。

图 7-2　氧化钛涂层工艺

湿法工艺中，有**旋转镀膜法**、**涂布法**、**辊涂法**、**喷涂法**、**浸渍法**、**毛刷涂布法**等几种方法。

这些方法最大的优点，是设备投入初期费用少，涂层比较简单方便。**道路相关的材料以及镜子、隧道内照明用的防护玻璃罩**等，主要都是采用湿法进行涂层的。现有的住宅以及大楼外墙上如果要进行光催化涂层，一般采用喷涂法或毛刷涂布法。

另一方面，干法工艺中，主要有**喷镀法、离子电镀法、真空蒸发法、CVD法（化学蒸发法）**等几种方法。

这些方法都需要设备投资，优点是可以制作致密、坚硬的涂层。例如，在**大型建材玻璃**上进行光催化涂层时，一般就采用干法工艺。

涂层工艺的选择要点

虽然有各种各样的涂层方法，但在选择涂层方法时最需要考虑的是**使用光催化的什么功能**，打算用在什么地方。

在此，对光催化薄膜的性能要求是完全不同的。必须尽可能选择能发挥其高性能的涂层方法。

这里，以空气净化器过滤器的除臭功能与玻璃防污（自清洁）功能为例，进行对比看看效果。

当空气净化器过滤器使用光催化时，污染的空气和光催化剂的接触面越大除臭功能就越强。

与之对应的，过滤器的结构上也要多费一番工夫，涂层自身也一样，选择涂层方法时也要尽可能使光催化薄膜更多的与空气接触。

另外，在空气净化器的过滤器中，对膜的透明性并没有要求（这点与自清洁玻璃对膜的性能要求大不相同）。

膜的厚度为 $1\mu m$（微米）以下的场合，由于膜变厚，光催化剂活性会提高，所以在空气净化器过滤器中，即使不透明也最好是涂一层足够的**多孔性的厚膜**。

与此相对，在自清洁玻璃上进行光催化薄膜涂层时，则要求**表面尽可能不易沾上污渍**。

虽然去除慢慢沾上的污渍是光催化的基本工作，但考虑到要提高产品性能，最好是在不易弄脏的表面进行涂层。而且对膜的透明性也有要求（图7-3和图7-4对要点进行了归纳）。

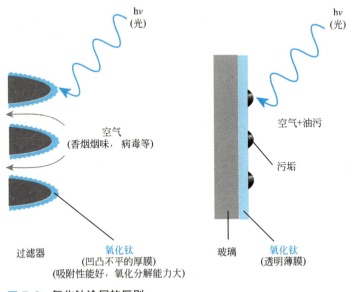

图7-3 氧化钛涂层的区别

图7-4 光催化利用的不同目的及其表面状态

综上所述，根据光催化的用途选择最佳的涂层方法是非常重要的。

与此同时，**在什么样的材质上进行涂层**，也是很重要的。

其中的关键就是**连接基材和氧化钛薄膜之间的黏结层**，所以下文将对其进行详细的介绍。

7.3 涂层的核心在于黏结层

利于保护光催化反应的二氧化硅中间层

最近，各种各样的材料表面都可进行光催化涂层加工了。

无机物中有瓷砖、玻璃、铝材以及不锈钢等金属板，有机物中有氯乙烯薄膜、聚酯薄膜、聚丙烯薄膜、氟化物薄膜、聚碳酸酯树脂、聚丙烯树脂、纸以及纤维等表面也都可以进行涂层（图 7-5）。

图 7-5 利用光催化的无机物和有机物

不过，由于光催化反应的氧化分解能力很强，根据基材性质的不同，如果直接在某些基材上进行光催化涂层，有可能导致基材本身被分解得支离破碎。或者，也有可能某些基材会和光催化物质发生反应，生成不具有光催化活性的物质。

因此，更关键的是，夹在基材和光催化薄膜之间的黏结层。

在瓷砖和玻璃等无机物上进行涂层时，涂布后要用高温烧成。光催化原料，一般使用**氧化钛溶胶以及钛醇盐**（参见第195页图7-1）。在高温状态下，产生氧化钛粒子之间相互黏结的"烧结"现象，可以形成一层坚硬细致的光催化薄膜。

但是，如果基材是玻璃材料最常用的碱石灰玻璃，若直接进行氧化钛涂层，在烧结的时候玻璃中的钠就会扩散并和氧化钛发生反应，有可能会生成没有光催化活性的钛酸钠。

这种情况下，为了不失去光催化的性质，就会在玻璃基材和氧化钛层之间插入**二氧化硅（SiO$_2$）层**。致密的二氧化硅层可以防止钠扩散，保护表面的光催化层。

图7-6显示了二氧化硅作为中间层的作用，包括将二氧化硅引入普通涂料表面的必要性以及二氧化硅在将氧化钛引入纤维物时的作用。

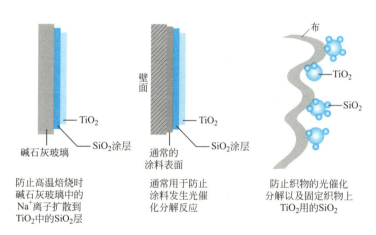

图7-6 二氧化硅中间层的作用

防止基材老化、提高黏接性的梯度膜

在对聚合物薄膜进行光催化涂层时,为防止薄膜自身的光催化老化,并且提高薄膜和光催化层之间的黏合性,一般在中间插入**黏结层**。

在这个黏结层中,一般使用有机物和无机物在分子层面混合后的复合聚合物。这样,与有机聚合物薄膜的接触面上仅形成有机成分,与氧化钛的接触面上仅形成无机成分,在大约100nm的层中由有机成分和无机成分组成连续变化的**梯度结构**,这种梯度膜技术也正在开发中。

而且,在这种情况下,还能够确保膜的透明性,进一步扩展了其在各种场合实用化的可能性。图7-7所示为使用这种梯度膜材料的结构,图7-8归纳了在各种基材上进行涂层的方法。

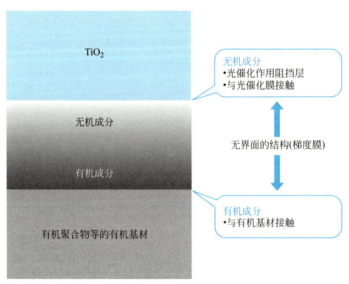

图7-7 梯度膜断面示意图

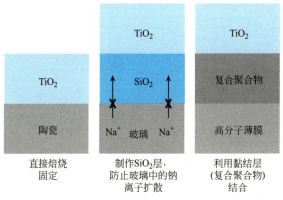

图 7-8　**各种基材上的涂层方法**

可以看出,纳米材料科学的最新发展,也为光催化的产业化提供了强有力的支援。

7.4 世界首块光催化瓷砖是如何做成的

最普及的光催化瓷砖

本章前半部分对光催化剂的合成方法作了概述，后半部分介绍一下具体基材。

最先登场的是，光催化产业中发展最成熟的、建筑材料领域中最普及的**光催化瓷砖**。

光催化瓷砖有室内装修用的**抗菌瓷砖**、外墙用的**自清洁瓷砖**，应用范围很广。另外，由于公认的**防藻效果**，作为防藻瓷砖运用在喷泉、人工水池、人工水槽等地方也很普及，也用在一些需要**防止霉菌**的地方。

1993年，**世界首次开始使用光催化抗菌瓷砖**，算是光催化产品第一号。当时医院里发生院内感染成为一个严重的社会问题，寻求对策迫在眉睫。在这样的社会背景下，催生了对医院手术室墙壁的瓷砖进行光催化涂层的想法。

为了能涂层成功，在瓷砖上形成一层**透明的、均匀的、能耐久的、坚固的膜**，必须先把瓷砖清洁干净。

另外，由于氧化钛遇到高温会向金红石型转变，降低光催化活性。所以烧结时需要注意**不能超过相变温度**。

甚至，为了在光线弱的地方以及光线无法到达的地方，或光线较暗时都能发挥应有的效果，在氧化钛涂层上还追加喷涂了一层**银和铜等的抗菌金属离子**。此时，在光催化反应中，抗菌金属发生还原反应，以超微粒子的形式在表面高密度地固定下来（光还原镀层技术见图 7-9）。

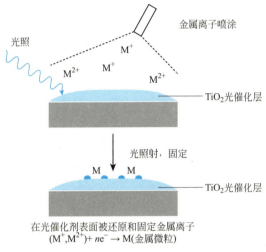

图 7-9　光还原镀层技术

光催化和抗菌金属组合

若简单地将抗菌金属混入釉料，在所烧成的瓷砖中，大部分抗菌金属都被埋没在釉料中。与此相比较，通过以上的**光催化和抗菌金属复合制得的瓷砖**，银等金属以微粒子状黏附在表面，显示出**很强的抗菌能力**。

另外，这样不仅在黑暗的场所有了抗菌效果，同时也提高了**氧化钛自身对光催化反应产生的抗菌性灵敏度**。

单独的氧化钛，如果没有 $10\mu W/cm^2$ 以上的紫外线强度，抗菌效果难以得到发挥，但和抗菌金属混合以后，只需 **$1\mu W/cm^2$ 的光强度**就可因光催化反应产生抗菌效果。

其原因是，抗菌金属离子从细菌细胞膜上的小孔进入细菌中，效果更加明显。

如何有效且低价格地制造具有抗菌效果的瓷砖也很重要，听厂家的人说制造工程大致如图 7-10 所示的样子。

最近，光催化瓷砖在**医院手术室**的应用实例在不断增加。瓷砖之间的连接缝隙部分容易滋生细菌，这个问题可通过做大尺寸的瓷砖自行解决。

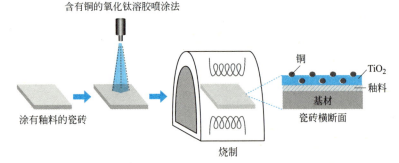

图 7-10　光催化瓷砖的制造工艺和涂敷铜的光催化瓷砖

向外墙的自清洁建材延伸

瓷砖自古以来被认为是设计性和耐久性都优质的建材。

古代埃及金字塔地下走廊的墙壁上贴的青釉瓷砖，推测是现存的世界上最古老的瓷砖。

另外，巴格达近郊发现的、现保存在德国博物馆的瓷砖也是纪元前的古瓷砖。

尽管如此，拥有抗菌性和防污性功能的瓷砖曾经是不存在的。光催化抗菌瓷砖在世界上首次进入实用化是 1993 年。光催化的另一个效果就是**超亲水性**，在抗菌瓷砖上利用研发成功的涂层技术，短时间内发展成外墙用的自清洁瓷砖。

而且，与光催化瓷砖**去除 NO$_x$ 的效果**获得认可也有关，最近几年，作为住宅和大楼外墙使用的外装材料快速地发展（参照第 1 章）。

普通消费者对光催化的认知度也快速增加，新建住宅的外墙希望使用光催化瓷砖的业主很多，住宅开发商采用光催化瓷砖的也在增加，光催化瓷砖的发展形势越来越好。

想到瓷砖从古埃及延续下来的历史，看看今天**日本似乎又吹起了新风**，不禁让人感慨万千。

7.5 光催化玻璃、后视镜的制作

光催化自清洁玻璃的制作

在氧化钛光催化玻璃上进行涂层后,由于其分解有机物的作用,表面上黏附的污渍会被逐渐分解掉。

即使黏附的污渍超过了光催化分解的能力,只要下雨也会因为自清洁效果,使玻璃表面的污渍被冲洗干净,回到没有污渍的干净状态。如果是雨水很少的季节,只要朝窗户玻璃上泼水也能很快冲洗干净。

而且,下雨的时候,由于其超亲水性效果不会起雾(防雾效果),窗外的景色也一目了然。

现有的窗户玻璃,只要在上面加上光催化功能就可以达到这样的效果。

方法之一是,**将光催化涂层剂喷到窗户玻璃上,或者用毛刷涂布法也可以**。

另一个方法是,**将光催化薄膜贴在窗户玻璃上**。

这些方法,都可以达到充分发挥光催化效果的目的,但不耐久,间隔几年到十年,就需要再施工。

另一方面,重新在玻璃表面进行光催化涂层后再烧结的玻璃,就具有半永久性,只要玻璃不破裂,就能持续具有光催化效果。

这种光催化玻璃,使用**溶胶凝胶法、喷镀法、CVD(化学气相沉积)法**等各种成膜技术制造。

其中,**CVD法是一种能够在大面积玻璃上成膜、生产效率很**

高的方法。

另外，高温下的成膜技术使得氧化钛结晶性良好，与玻璃之间的黏合度也很高。

正是由于这些制造方法，现在新建的高层大楼以及国际机场的建筑物上，才有可能大规模地引进光催化。

窗户玻璃的清扫维护几乎完全没有必要，所以大楼的管理运营费用下降明显，据说节省管理费支出的效果也很显著。

在淋浴的时候，浴室的镜子常常因为水雾一片模糊。如果对镜子的玻璃表面做氧化钛涂层处理，用太阳或荧光灯的光照射后，就可以不再起雾。

被寄予安全驾驶厚望的"防雨车门后视镜"

车门上的后视镜如果使用光催化涂层技术，即使下雨的日子也不会起雾，对安全驾驶来说是个好帮手。

应用光催化防止汽车后视镜形成雨滴的问题在于白天效果明显，但日落后过几个小时，就失效了。

对这个问题已经有了解决方案，就是**在光催化剂中添加二氧化硅**。二氧化硅的性质之一就是表面会吸附水分子。在二氧化钛光催化的氧化分解作用下，二氧化硅表面被清洗干净后，水分子就会被牢牢地吸附在表面上，即使日落后**在一些黑暗的场所，也能够保持亲水状态**。

光催化剂中添加二氧化硅后，只要接收光照射，就会处于超亲水性的状态，之后即使放置在黑暗的场所，超亲水性状态也可以**维持7天以上**。

通过这样的复合技术，第一次在车门后视镜上实现了**雨滴防止功能**。

作为一种光催化车门后视镜的制造方法，为了防止玻璃中的钠扩散,首先要形成二氧化硅层,在此基础上再实施氧化钛和二氧化硅的混合涂层。

或者,在氧化钛层上把二氧化硅涂层涂成分散性状态,据说有些地方也可以提高黑暗场所的亲水性维持力。

7.6 净化国际宇宙空间站的 UV-LED光催化

要想使氧化钛光催化发挥相应的功能，需要太阳光或室内照明中含有**400nm 以下的近紫外线**。

其实，从太阳光或室内照明光中来看，这是非常有限的微弱的光（参照第 179～第 181 页）。

例如，即使是在白天的屋外，也就 $1\mathrm{mW/cm^2}$ 左右，生活空间中的室内照明也在 $1\mu\mathrm{W/cm^2}$ 以下（图 7-11）。

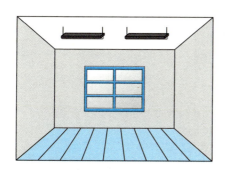

荧光灯表面：$0.2\mathrm{mW/cm^2}$
太阳光：$\mathrm{mW/cm^2}$水平
生活空间：$\mu\mathrm{W/cm^2}$水平

照度	紫外线量/cm²	
	荧光灯	白炽灯
100lx 居室，病房	0.4 μW 7×10^{11} photon/s	0.4 μW 1.2×10^{11} photon/s
200lx 饭桌，会客室	0.4 μW 1.4×10^{12} photon/s	0.14 μW 2.4×10^{11} photon/s
1000lx 书桌，手术室	4 μW 7×10^{12} photon/s	0.7 μW 1.2×10^{12} photon/s

注．photon/s 为单位时间的光子数(光子/秒)。lx 为照度的单位勒[克斯]。

图 7-11 生活环境中的紫外线量

因此，在屋内要想有效地利用光催化，可以考虑 3 个途径：①空气净化器的光源，即紫外（UV）灯和光催化过滤器模块化，最大限度地提高反应效率；②开发在可见光领域也能发生反应的光催化；③对生活空间中的微弱光也能产生反应的光催化剂，可以采用提高其灵敏度的方法。

光源和光催化过滤器的模块化

目前为止使用的紫外（UV）灯，主要有荧光灯（黑光）以及氙灯、高压水银灯、金属卤化物灯等等。

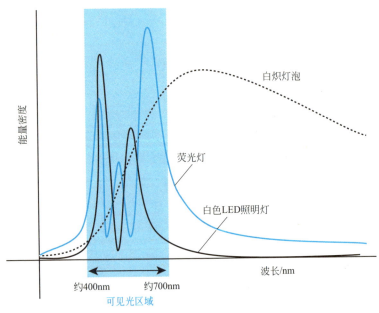

图 7-12　荧光灯、白色 LED 照明灯、白炽灯的光源比较

作为一种商业化的除臭除菌装置，在筒状的光催化过滤器中央插入紫外线（UV）灯，组合成模块制成产品（U-vix Corporation，以制造紫外线产品为主的企业；Japan Hightech Service Co. Ltd.，一家以杀菌、除臭产品为主要业务的企业）。

这种产品在结构上，光漫反射在多孔质的过滤器上，使整体发生高效的光催化反应。现在，从办公室、住宅、商业设施，到清扫中心、下水道处理厂等产生恶臭的设施都在使用。

近年来，照明器具 LED 一直在快速的发展。如图 7-12 所示，LED 灯的特点是寿命长、省电、省空间。光催化的光源，现在也终于用上了 LED 灯。

作为光催化分解恶臭物质的光源，比较荧光灯和白色 LED 灯的照明效果，会发现在处理与日常生活空间同等程度的恶臭物质上，两者具有**同等的效果**。

UV-LED 助力净化国际宇宙空间站

将 UV-LED 作为光源嵌入光催化式空气净化器中的产品已经商业化，现在已经现身于**国际宇宙空间站**上了。

在无重力的密闭或封闭的空间里，要求在无需维护的情况下尽可能安全地进行杀菌和除臭，并且结构上还要能够承受在火箭发射时产生的巨大冲击力。

为了满足这些严苛的条件，使长期滞留在国际宇宙空间站的宇航员们免受细菌和臭味困扰，期待以 **UV-LED 为光源的光催化剂**能够发挥应有的作用。

即使在可见光响应型的光催化中，LED 也被用作光源，并且和光催化过滤器整合成一体型的模块化产品，已在东芝材料实现了产品化。

由于光源采用 LED，可以使模块变得小型化，这样可以根据设置空间和用途，按照客户要求定制模块。

除了除臭、抗菌、抗病毒效果以外，还有分解乙烯使蔬菜水果保持新鲜的效果，因此被用到**冰箱**上，其他生活家电如空调、吸尘器、电扇、被炉等也都可以使用。

国际上快速发展的 LED

LED（Light Emitting Diode，发光二极管）说起来就是个发光的半导体。是一种用 n 型半导体和 p 型半导体制作 PN 结，通过电流发光的结构。

发出的光的波长由材料带隙决定，从红外线领域到可见光线领域、紫外线领域，可以获得各种波长的光。

另外，用蓝色、红色、绿色 3 原色光的 LED，可以获得全色的效果。

与白炽灯等传统光源相比，LED 的特点是**寿命长**、**消耗功率少**、**可以小型化**、**超薄化**。由于做成了白色和灯泡色，因此 LED 也普及到了室内照明领域。

日本国内，由于市场开始供应 LED 电灯泡，一些大型厂家已不再生产电灯泡型荧光灯。

对于作为光催化性能测试试验光源的荧光灯，预计将停止生产，未来会很难拿到。

荧光灯中含有微量的水银，含水银产品的制造和进出口属于国际条约（《关于汞的水俣条约》，2013 年，联合国环境计划署〈UNEP〉通过）的限制对象。

由于持续地推进削减水银量，国内制造的荧光灯，已基本满足规定值的要求。但国际上已经确实地在推行去水银化的 LED 灯了。

今后，在基于国内外标准（JIS、ISO）进行性能评价所用的试验光源方面，日本迫切需要推进光源的 LED 化。

作者纵谈

伽利略、法拉第、巴斯德，向这些伟大的先人们学什么？

我经常受邀去一些中学和高中给孩子们上课。

除了光催化方面的专业知识，也常常讲一些伟大的科学家的故事。我特别尊敬的科学家，有**伽利略·伽利雷、迈克尔·法拉第、路易斯·巴斯德** 3 个人。

1564 年伽利略·伽利雷出生于意大利的比萨，他因数学和物理方面的天才而闻名。1610 年他用自制的望远镜观察月亮，发现了木星周围有 4 颗卫星，在此发现的基础上写的《**星空信使**》（岩波书店，1976 年）一书，是我喜欢读的书之一。由于宣扬地心说他受到了宗教审判，但始终坚持"地球仍然在转动"。

英国的**迈克尔·法拉第**也很伟大。

1791 年出生的法拉第家境贫困，曾经在图书装订店里做学徒。午休的时候就捧着自己装订的书读，慢慢地对科学产生了兴趣。20 岁前后，有一次在皇家研究所听了有名的化学家汉弗莱·戴维的公开演讲，终于有机会成了皇家研究所的助手。

在以后的 46 年里，他住在皇家研究所的阁楼上，一个人热心地从事研究，发现了电解法则，证明了为发电机的发明奠定基础的电磁感应现象，留下了诸多的研究成果。

法拉第的伟大之处，除了诸多的发现外，还有两点。其一是**经常面向普通人做有名的演讲**。特别是 1860 年连续做了多场"蜡烛的科学"的演讲，非常有影响力（1861 年《蜡烛的科学》成书出版）。

另一点是，他非常**认真地留下实验笔记**。被称为"法拉第日记"的这本笔记，就像他的众多发现一样，是留给人类的伟大遗产。

例如，翻开1831年8月29日这一页，法拉第在发现了电磁感应时做了什么实验，是如何考虑的，全部写得清清楚楚，简单明了。

第三位，就是被称为人类恩人的**路易斯·巴斯德**。

巴斯德生于1822年，是法国的科学家，虽然半身不遂却取得了很多划时代的研究成果。例如，证明了生命只能从生命中诞生；第一个发现了很多病的根源在于微生物；为了拯救因传染病而痛苦的人们开发了疫苗；其他的还有食品保存法等等，巴斯德的研究成果一直到现代仍然应用在我们的生活中。

第8章

光催化技术的标准化、产品认证制度

8.1 日本(JIS)和世界(ISO)试验方法的标准化

为净化环境而开发的光催化技术进入实用化以来，引起了社会的广泛关注，这本来是一件好事。但是借助光催化热潮，一些几乎没有任何光催化效果，或者说造假产品也出现在了市场上。

如果放置不管，对信赖光催化技术的消费者是一种损害，就会失去他们的信任。为了避免发生这种情况，怎么办呢？

于是，我们考虑分两步走。

最初的第一步，**将评判光催化效果的试验方法标准化**。

而且，不仅是日本国内的 JIS（日本工业规格），即使在 ISO（国际标准化组织）内，也要以日本为中心制定这方面的规则。这是因为，在日本建立发展起来的光催化产业迟早会在海外开展业务，从这点考虑无论如何都很有必要。这一步从启动到往下推进，都是产业技术综合研究所的竹内浩士博士负责的。

第二步，根据制定的标准试验方法，**对确定具有光催化效果的产品，设定认证制度**。

这一点，如果站在消费者的立场上看，是自然清楚不过的事情。

光催化效果，即使能抗菌、除臭、防污，但对消费者来说，这些都是看不见摸不着的，所以很容易就会抱有疑问："真的有效果吗？"

另外，从安全上考虑，如果有可靠的品质保证制度，就可以安心地使用了。

以第二个步骤而言，光催化工业协会已经建立起了认证制度。满足第一步中规定的性能标准的光催化产品，其认证需要使用

PIAJ 标识（PIAJ；Photocatalysis Industry Association of Japan）。

关于产品的认证制度，将在下文介绍，这里只是介绍初步的试验方法的标准化问题。

JIS、ISO 等标准化的制定现状

评价光催化效果的试验方法的标准化问题，JIS 中将它归类为陶瓷领域（R），ISO 中将其归类为精细陶瓷专业委员会（TC206）。

2002 年，在国内相关光催化研究所和厂家等的大力协助下，成立了全日本体制下的**光催化标准化委员会**。

在委员会领导下制定草案，并提交给 JIS 和 ISO，规定了制定标准化的流程。

由于光催化具有多样性功能，因此试验方法的标准化也必须具有多样性，自清洁、空气净化、水净化等等，**都需要制定各自的标准**。

按照当初计划的标准化设想，2008 年前应该完成 JIS 部分的标准制定工作，2013 年前完成 ISO 部分的标准制定工作。至于可见光响应型光催化的试验方法，由于和传统型的标准不同，所以通过别的系统完成。这个标准的 JIS 部分已于 2013 年完成。

表 8-1、表 8-2 中，分别为传统型和可见光响应型标准，可参照提案和制定现状。

表 8-1　光催化 JIS 及 ISO 的提案和制定现状（传统型）

分类	试验方法	JIS 提案	JIS 制定	JIS 最终修正	JIS 编号	ISO 提案	ISO 颁布	ISO 编号
自清洁	水接触角	2006/03	2007/07	—	R 1703-1	2005	2009/07	ISO 27448-1①
	甲基蓝	2006/03	2007/07	2014/02	R 1703-2	2006	2009/10	ISO 10678②
空气净化	一氧化氮	2003/03	2004/01	2016/07	R 1701-1	2013	2016/11	ISO 22197-1③
	乙醛	2006/03	2008/03	2016/07	R 1701-2	2006	2011/03	ISO 22197-2②
	甲苯	2006/03	2008/03	2016/07	R 1701-3	2006	2011/03	ISO 22197-3②
	甲醛	2007/03	2008/10	2016/07	R 1701-4	2008	2013/04	ISO 22197-4
	甲硫醇	2007/03	2008/10	2016/07	R 1701-5	2008	2013/04	ISO 22197-5
水净化	二甲基亚砜	2006/03	2007/10	—	R1704	2006	2010/12	ISO 10676①
微生物	抗菌	2006/03	2006/09	2012/05	R 1702	2005	2009/05	ISO 27447②
	抗霉菌	2007/03	2008/03	2016/07	R 1705	2008	2013/02	ISO 13125
	抗病毒	2012/04	2013/02	—	R 1706	2010	2015/05	ISO 18061
	防藻	—	—	—	—	2013	2016/03	ISO 19635
通用类	光源	2006/03	2007/07	2014/02	R 1709	2006	2011/06	ISO 10677①
	溶解氧消耗量（日韩）	2015/06	2016/07	—	R 1708	2013	2017/01	ISO 19722
	量子效率测定法（韩国）	—	—	—	—	2013	—	WD 19728
	墨水膜简易法（英国）	—	—	—	—	2015	—	CD 21066
	有机碳测定法（中日韩）	2017/03	—	—	—	2017	—	NP 22601

①为 ISO 定期修正并认可。②为定期修正进行中。③指第 2 版（出版 2007 年）（2017 年 5 月）。
资料来源：《会报光触媒》第 153 期第 7 页，2017 年出版。

表 8-2　光催化 JIS 及 ISO 的提案和制定现状（可见光响应型）

分类	试验方法	JIS 提案	JIS 制定	JIS 最终修正	JIS 编号	ISO 提案	ISO 颁布	ISO 编号
自清洁	水接触角	2012	2013/02	—	R 1753	2013	—	DIS 19810
空气净化	一氧化氮	2012	2013/02	—	R1751-1	2012	—	DIS 17168-1
	乙醛	2012	2013/02	—	R1751-2	2012	—	DIS 17168-2
	甲苯	2012	2013/02	—	R1751-3	2012	—	DIS 17168-3
	甲醛	2012	2013/02	—	R1751-4	2012	—	DIS 17168-4
	甲硫醇	2012	2013/02	—	R1751-5	2012	—	DIS 17168-5
	小型测试仓法	2012	2013/02	—	R1751-6	2010	2014/11	ISO 18560-1
微生物	抗菌（ISO 日中共同）	2012	2013/02	—	R 1752	2009	2014/05	ISO 17094
	抗病毒	2012	2013/02	—	R 1756	2012	2016/07	ISO 18071
	实际环境抗菌	—	—	—	—	2017	—	NP 22551
通用类	光源	2011	2012/06	—	R1750	2009	2013/10	ISO 14605
	完全分解	2012	2013/02	—	R 1757	2013	—	DIS 19652

资料来源：《会报光触媒》第 153 期第 7 页，2017 年出版。

不过，标准化并非一旦制定了就万事大吉了。还需要经常修改，根据实际情况加以改进完善。目前制定的规格是**每 5 年修改一次**，JIS 和 ISO 也都开始各自的修改和确认工作。

海外光催化标准化的应对

世界贸易组织（WTO）规定，加盟国必须在国际规格的基础上制定国内规格。

根据目前为止的调查，在英国、西班牙、马来西亚、韩国等国家，已经发行了带有 ISO 编号的国内标准。

在欧洲，长久以来有光催化研究的传统。2008 年，欧洲标准化委员会还专门成立了**光催化专业委员会（CEN/TC 386）**。

法国是现任主席国，和意大利、比利时一起已经提交了 10 件规格草案，正朝着制定标准的目标推进。2014 年这 10 件草案中的一个，即关于**光源的标准首次正式发布**。

在 ISO 内部，其他的专业委员会也提交了关于光催化纳米粒子的安全性评价及瓷砖抗菌活性的草案。现在提交的一些方案正不断与既有的标准进行整合。日本要想继续掌握主导权，在今后的提案或修改意见等方面，就必须和各国加强合作。

从加强国际合作的角度出发，与亚洲各国的技术交流、技术转移也是一项重要的活动。亚洲各国光催化产品已开始普及，韩国、中国等国家，已经相继成立了相当于日本光催化工业协会的团体组织。

另外，在 2007～2011 年的 5 年间，亚洲主要的国家和地区（日本、中国、韩国、新加坡、印度、印度尼西亚、马来西亚、菲律宾、泰国、越南）的光催化相关人员和 ISO 相关人员齐聚一堂，召开了**亚洲光催化标准化会议**，从那之后还连续举办国际研讨会。

发源于日本的光催化技术在亚洲地区得到普及，但要形成健全的市场，要求各国根据各自的国情制定相应的试验方法和产品规格。如通过和日本的共同实验，进一步推进光催化产业的国际化发展。

8.2 建立全日本体制！光催化产品的认证制度

建立和完善健全的市场机制

正如前文所述，2006 年，光催化产品相关的国内行业协会，即光催化工业协会（PIAJ）成立了。自 1995 年光催化产品进入市场以来，也出现过一些个别的行业组织，举行过产品论坛活动等，但这次是以整合的形式以**全日本体制**为目标而设立的。

目前作为正式会员登录的企业有 94 家，赞助会员 31 家，PIAJ 认证产品 99 个（40 家）（截止到 2017 年 7 月）。图 8-1 所示的组织机构图，显示了 PIAJ 在协会中所发挥的整体作用。

PIAJ 所制定的光催化产品的认证制度，于 2009 年开始实行。

之后，2016 年 11 月开始对可见光响应型产品进行认证，标识的部分开始使用"**新 PIAJ 标识**"（图 8-2），主要是性能标签部分增加了所用光源的指标。

建立认证制度促进试验方法的标准化

在光催化工业协会（PIAJ）的产品认证制度中，规定了获得认证的必要条件，必须是消费者能使用的最终产品，该产品具有有效的光催化效果。

其判断标准就是**性能判定标准**。衡量光催化性能的尺度，采用日本工业标准（JIS）规定的试验方法。

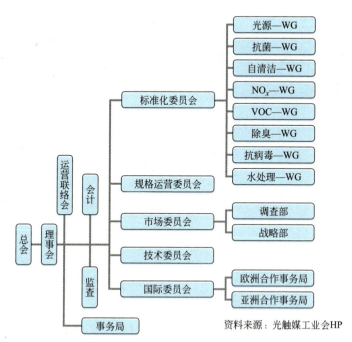

图 8-1 光催化工业协会（PIAJ）组织结构图

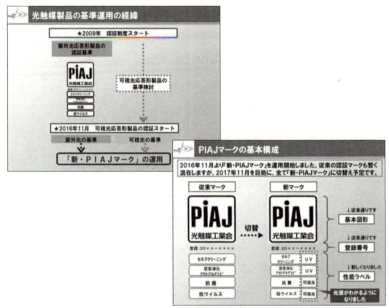

资料来源：光触媒工业会HP

图 8-2 认证制度的经过和新 PIAJ 标识的转换

另外，作为支持认证制度的认证体系，参考国际标准（ISO/IEC 指南 28 "第三方产品认证制度的指南"一章），制定了"光催化产品认证相关规定"。

也就是说，前文所介绍的试验方法的标准化是第一步，通过切实地制定标准化，才有可能构筑第二步的可信赖的产品认证制度。

关于性能判定的标准值，也就是可期待的有效果的最低限度性能值，根据 PIAJ 内部标准化委员会的讨论决定。

此外，征集以会员企业为对象的公众评论，接受第三方委员会的审议并进行仔细调查。

接受产品认证，在满足性能判定标准的同时，也需要满足安全性和持续性评价的相关标准。相关的详细内容请参考光催化工业协会网页（http：//www.piaj.gr.jp/roller/）。

表 8-3　光催化产品的安全标准

安全性试验的种类	安全性试验法	安全性标准	GHS试验分类	GHS分类
急性经口毒性	对大黑鼠或小白鼠一次性给药试验	LD50：2000mg/kg以上	急性毒性（经口）	区分外
皮肤一次刺激性	利用小白兔皮肤一次刺激性试验	无刺激性反应，或弱刺激性反应	皮肤腐蚀性、刺激性	区分外
变异原性	细菌试验	突然变异诱发性为阴性	生殖细胞变异原性	区分外
	多次试验	阴性		
皮肤致敏作用	辅助和补丁测试（原则上最大化测试）	阴性	皮肤致敏性	区分外

资料来源：《会报光触媒》第 46 期第 55 页，2015 年出版。

安全标准和设置管理责任人的必要性

由于光催化产品大多与生活密切相关，考虑到可能对健康的危害性，特制定了如表 8-3 所示的安全标准。

标准值是在"化学品统一分类与标识全球协调系统（GHS）"基础上决定的。

另外，以产品在使用状态下的评价为原则，涂料、涂层剂、喷雾剂等液体，也不是评价原封不动的液体，而是以液体涂装后固化了的涂膜成分为依据评价其安全性。

此外，PIAJ 的正式会员企业，必须设置 1 名以上熟知光催化产品及其关联技术的光催化产品管理责任人，在消费者咨询和有要求时，负起相应的责任。PIAJ 也会定期举办讲习会，全力提供光催化相关的情报信息。

认证流程和认证后的监督活动

光催化产品的 PIAJ 认证流程如图 8-3 所示。

不过，和认证活动以及标准化的操作一样，并非认证一次就结束了。为了获得消费者对认证制度的信任，带有 PIAJ 标识的产品性能保持长久才是比什么都重要的。因此，图 8-3 的认证流程中，**认证后的监督检查活动**也列入其中。

通过从市场上随机抽查购入产品，在试验机构进行性能确认试验，或进入工厂进行现场调查，或根据消费者提供的情报进行调查等方法，如果检查的结果出现了违反规定、错误表示、夸大表述等行为，就会给予警告或禁止使用 PIAJ 标识等处罚。

通过认证和监督检查齐头并进，协同进行，相信光催化产品的可靠性会切实有效地提升。

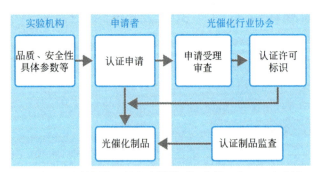

资料来源：《会报光触媒》第46期第55页，2015年出版。

图 8-3 光催化产品的 PIAJ 认证流程

另外，神奈川科学技术研究所（现神奈川县立产业技术综合研究所）是 PIAJ 标识的所有项目推荐试验机构之一。笔者在该机构当了 7 年理事长，现在仍然作为该机构光催化研究项目的负责人。

【参考文献】

- 藤嶋昭・橋本和仁・渡部俊也共著

『光クリーン革命―酸化チタン光触媒が活躍する』（シーエムシー出版、1997 年）

- 藤嶋昭、橋本和仁、渡部俊也著

『光触媒のしくみ』（日本実業出版社、2000 年）

- 藤嶋昭・瀬川浩司共著

『光機能化学―光触媒を中心にして』（昭晃堂、2005 年）

- 藤嶋昭著

『天寿を全うするための科学技術―光触媒を例にして』
（川崎市生涯学習財団かわさき市民アカデミー出版部、2006 年）

- 藤嶋昭・村上武利監修・著ほか

『絵でみる 光触媒ビジネスのしくみ』
（日本能率協会マネジメントセンター、2008 年）

- 藤嶋昭・かこさとしほか共著

『太陽と光しょくばいものがたり』（偕成社、2010 年）

- 橋本和仁・藤嶋昭監修

『図解 光触媒のすべて』（オーム社、2012 年）

- 藤嶋昭著

『光触媒が未来をつくる―環境・エネルギーをクリーンに』（岩波書店、2012 年）

结尾

从中国古典名言中学习超越"死亡之谷"

"死亡之谷""死亡之谷"……这是我们在推进研发和产品开发时,耳朵里常常听到的一个词语。

在科学领域,从基础研究中取得卓越的成果,并在此基础上推广到应用研究、产品开发,作为新产品、新服务和新系统为社会所用,绝对不是一条平坦的道路。

往往中途不知道什么时候就停滞不前,也就无法超越"死亡之谷"。

如果说到目前为止笔者还有什么可以提供的建议,那就是和多个组织合作推进研究开发的同时,要和负责人加强沟通,同时还要和组织的上级领导直接见面,让大家都加深对项目意义的理解,这点非常重要。

这种方式被称为"夹心法"。也就是如果不被上面和下面同时夹击向前推进,你一定会在开发过程中的某个时点卡住,无法前行。

还有一点建议,看起来似乎有点偏离主题,即在从事研究开发的关联人员之间营造和维持一种和谐的氛围。

当然,在一个好的时机下筹措资金也是很重要的。但团队内部有良好的风气,在一个和谐的氛围下,自然地就会产生优质的成果。

那么,如何才能营造出良好的氛围呢?

说起来似乎又绕远了一点,我们学理科的人,也包括我在内,应当对一些体现出人本质的中国名言保持亲近,经常学习,自觉地努力提高自己，特别是对团队领导人，尤其有必要。

物华天宝、人杰地灵。

这是中国的初唐诗人王勃诗中的句子，也是笔者最喜欢的名言之一。

在中国，据说这句话一般作为春节的对联贴在门柱上。但我有自己的理解，我是这么理解的。

科学技术（物）的成果（华）是隐藏在天上的宝物，只有那些出类拔萃（灵气）的杰出的人（研究小组）才能发现它们。进入这样带有浓厚学术氛围的集体中，自然每个人都会不知不觉得到提高，也容易出优秀的成果。

越是熟悉中国的古典名言，越是觉得2500多年前的《论语》很伟大，其中对人类的特质性格以及行事的原理原则，做了人类学似的解说。

现代社会正在发生急剧的变化，但仍有一些本质的东西被世代传承。

中国古典名著中谈到的做人做事的原理原则，没有随时代的变化而受影响，对现代的我们依然富于新鲜的魅力，给人启发的方面仍然很多。

笔者喜爱中国的古典名句，因为从中可以思考一些社会的本质原则，然后经常勉励自己努力提高。要是研究开发团队中哪怕多那样的一个人会怎样？

例如，邻桌的某个人被《论语》中以下的几句话感动了：

"己欲立而立人，己欲达而达人。"（希望别人怎样对自己，先要做到怎样对别人）。

如果一个团队对这句话达成共识，就会朝着实现目标的方向前进，他们的周围很快就会笼罩着"物华"之气，取得"天宝"之日也就不远了吧。

检索词

字母

BISTRATOR / 38，39
FUJITA 道路 / 78
Hydrotect 技术 / 38，53
Japan Hightech Service Co. Ltd. / 213
KMEW / 35
LUMINEO / 62
Maxell / 62

A

癌细胞 / 11
安第斯电气 / 72
氨 / 73，97，105

B

白炽灯 / 212
白色 LED / 23，212
百叶窗的叶片 / 59
板钛矿型 / 165，176
半导体 / 140，151，169，214
半导体光电极 / 151
保育院 / 22，57
北九州机场 / 68
本多光太郎 / 51
本多健一 / 141，144
本多-藤岛效应 / 145，150
本征半导体 / 170
壁纸 / 58，99，106

标准化 / 218
冰箱 / 63，214
丙烯树脂 / 200
病毒 / 11，24，56
病毒膜结构 / 94
病毒杀手 / 58，97
玻璃材料 / 201

C

彩色涂层 / 42
产品认证制度 / 222
超亲水性 / 32，88，109，185
超亲水性光催化 / 112
超亲水性效果 / 32，52，84，117，187
成田国际机场 / 69
臭氧 / 103，180
除臭 / 60，89，103
除臭除菌装置 / 212
除臭效果 / 63，97
除菌 / 62，101，108，167
窗帘 / 26，58，106

D

达拉斯牛仔 AT&T 体育馆 / 46
大肠杆菌 / 126
大和房屋工业 / 34
大型光催化式除臭装置 / 108
大型膜结构设施 / 46

带隙能量 / 173

丹佛国际机场 / 47

单一体系 / 153

氮氧化物（NO_x）/ 36，75，131，139

导带 / 172，174

登革热 / 14

地球温暖化问题 / 137

东海道山阳新干线 / 73

东急东横线 / 72

东京大学 TLO / 23

东京地铁 / 76

东南大学 / 12

东芝莱特克 / 80

渡部俊也 / 109

E

二噁英 / 125

二甲苯 / 105

二氧化氮（NO_2）/ 131

二氧化硅 / 165，195，200

二氧化硅（SiO_2）层 / 200

二氧化碳 / 13，136，151

F

发光二极管 / 61，214

发芽率 / 16

反射镜 / 81

防臭效果 / 96

防污 / 62，96，109，187

防污效果 / 25，187

防雾 / 89，109，187，209

防雾功能 / 10

防雾效果 / 84，109，185

防雾性能评价装置 / 10

防雨车门后视镜 / 209

防藻瓷砖 / 204

防藻效果 / 25，204

防止发霉 / 59

非晶半导体 / 170

分解去除功能 / 62

膜分离技术 / 155

丰田汽车 / 39，84

伏特电池 / 143

氟化物薄膜 / 200

氟素膜 / 43

浮游菌 / 89，100

福尔马林 / 107

富士通 / 24

G

感染症 / 92

干法工艺 / 196

高性能铺装 / 77

顾忠泽 / 12

光半导体 / 160，171，176，187

光催化薄膜 / 14，80，98，194

光催化标准化委员会 / 219

光催化玻璃 / 50，57，68，97，208

光催化博物馆 / 115

光催化瓷砖 / 9，36，96，204

光催化反应 / 2，60，88，160，174，182

光催化工业协会 / 34，218，222

光催化关联市场 / 119

光催化国际研究中心 / 3，16，128

光催化过滤器 / 60，72，101，123，212

光催化和纸 / 58

光催化活性 / 22，164，176，197，204

光催化空气净化器 / 59，62，72，84，100

光催化灭蚊器 / 13

光催化钛网 / 62，100

光催化涂料 / 38，75

光催化涂装 / 25，40，91

光催化纤维 / 125

光催化荧光灯 / 80

光催化帐篷 / 28，43，69

光催化专业委员会（CEN / TC386）/ 221

光导管 / 18，166

光电化学 / 116，151

光复活现象 / 129

光固体表面反应 / 187

光合作用 / 116，136，191

光化学反应中心 / 136

光化学疗法 / 11

光环境 / 179

光活性 / 164，171

光解水 / 30，117，141，147，153

光界面反应 / 187

光刻加工技术 / 62

光谱图 / 179

光清洁施工法 / 77

光增强电解氧化 / 140

光之帆大屋顶 / 45

辊涂法 / 196

国际宇宙空间站（ISS）/ 28，102，213

过氧化氢（H_2O_2）/ 103，184

H

还原 / 184

海拉细胞 / 11

海水 / 121，129

含水氧化钛 / 163

航空集装箱（空运货物）/ 71

鹤见大学 / 15

横浜市立大学 / 97

呼吸系统疾病 / 139

胡夫大金字塔 / 48

护理机构 / 22，57，95

花田信弘 / 15

化合物半导体 / 170

化石燃料 / 137

环境净化技术 / 160

挥发性有机化合物（VOC）/ 105，131

挥发性有机氯化合物 / 122

活性炭 / 123，127，132

J

吉村作治 / 48

集光装置 / 18，166

加古里子 / 49

甲苯 / 105

价带 / 172，174，177，181

价电子 / 172

建材玻璃 / 197

酵素 / 20

接触角 / 110，113

界面反应 / 187

金红石矿 / 162，176

金红石型 / 165，176，204

金属氮化物 / 150，152

金属氧化物 / 152，176，194

近紫外线 / 149，166，181，211

浸渍法 / 196

禁带 / 173

聚氯乙烯薄膜 / 43
聚碳酸酯树脂 / 200
聚酯薄膜 / 190, 200
绝缘体 / 169
军团杆菌对策 / 122

K

抗病毒窗帘 / 58
抗菌瓷砖 / 9, 89, 204
抗菌金属 / 96, 204
抗菌抗病毒玻璃 / 56
抗菌抗病毒效果 / 9, 96
抗菌抗病毒性能 / 56, 70, 99
抗菌效果 / 96, 205
抗菌圆珠笔 / 23
抗霉菌效果 / 6
抗细菌病毒 / 93
颗粒状物质（PM）/ 131
可见光光催化 / 23, 57
可见光领域 / 212
可见光响应型 / 56, 96, 99, 213, 222
可见光响应型光催化 / 59, 96
空气净化 / 89, 131
空气净化能力 / 39
空气净化器 / 59, 72, 100, 106, 197

L

濑岛俊介 / 15
濑户晥一 / 15
蓝藻大爆发 / 136
离子电镀法 / 197
理科大学科学道场 / 51, 68, 109, 167
磷灰石 / 15
铃木智顺 / 6

流感病毒 / 58, 70, 92
硫化镉（CdS）/ 182
硫化氢 / 105, 136
硫酸法 / 163
卢浮宫美术馆 / 52
铝材 / 41
铝树脂复合板 / 41
氯气 / 125, 163
氯气法 / 163
氯乙烯薄膜 / 200

M

毛刷涂布法 / 208
摩擦力 / 186
木本克彦 / 15

N

南东北综合医院 / 15
内排国际机场 / 70, 98
能带（带隙）/ 173
能源枯竭 / 138
农药废液 / 127
农业废液处理技术 / 122
疟疾 / 14
诺如病毒 / 58, 92

P

排污瓷砖 / 62
培养液一次性使用方式 / 128
喷镀法 / 197, 208
喷涂法 / 196
蓬皮杜艺术中心（梅兹）/ 46
皮尔金顿 / 55
漂白剂 / 14

Q

漆酚 / 7

岐阜大学 / 40

气相法 / 163

羟基自由基（·OH）/ 183

桥本和仁 / 99，109

桥梁膜材施工 / 81

亲水性 / 110

氢气 / 117，139，147，151

氢气生成系统 / 139

清漆层 / 42

R

燃料电池 / 149

热岛效应 / 27

人工光合作用 / 117，136，151

人工叶片 / 152

认证制度 / 218，222

日本 AEROSIL / 164

日本道路公团 / 79

日本照明奖 / 79

日光东照宫 / 5

日建设计 / 167

日经 BP 技术奖 / 78

溶胶凝胶法 / 208

锐钛矿型 / 164，176，177

S

三菱化学 / 41

三氯乙烯 / 103

散水冷却系统（人工洒水效果）/ 28

桒户祐幸 / 15

上信越高速公路 / 79

神奈川齿科大学 / 15

神奈川县立产业技术综合研究所 / 115，127

生态产品大奖 / 78

生物科学研究会（BMSA）/ 15

圣戈班 / 55

盛和工业 / 72

湿法工艺 / 196

石原产业 / 28，164

世界贸易组织（WTO）/ 221

手术室 / 9，62，97，206

手足口病 / 11

水稻耕作 / 126

水的电解 / 151，155

水净化 / 122，124

斯普利特机场 / 47

寺岛千晶 / 17

松下家居 / 34

酸雨 / 131，139

T

太阳工业 / 43，82

太阳光的能源转换效率 / 152

太阳光的氢转换效率 / 155

太阳光发电 / 19

钛醇盐 / 194，201

钛酸钠 / 201

钛铁矿 / 162

钽的化合物 / 22

汤姆森路透引文桂冠奖 / 145

陶瓷光催化过滤器 / 72

梯度结构 / 202

田园都市线 / 74

透明的光催化薄膜 / 41，194

涂布法 / 196

土壤地下水净化系统 / 122

土壤污染 / 122，139

脱硫装置 / 130

W

洼田吉信 / 99

丸大厦（丸之内大厦）/ 34

温浴设施 / 122，125

X

西红柿 / 16，128

西红柿栽培 / 126

吸附剂 / 61，132

吸烟室 / 60，72

希拉斯火山灰 / 25

希思罗机场 / 47

希望舱 / 28

稀少糖 / 20

纤维制品 / 99，106

相变温度 / 204

向井千秋 / 29

硝酸（HNO_3）/ 128，131

协和界面科学 / 10

新 PIAJ 标识 / 222

新居综合征 / 105

新能源产业技术综合开发机构（NEDO）/ 155

新千岁机场 / 70，98

新型流感 / 70

旭化成 / 34

旋转镀膜法 / 196

Y

牙根种植体 / 14

芽孢 / 13

亚洲光催化标准化会议 / 221

眼镜超市 / 42

氧化分解能力 / 24，88，103，182

氧化还原反应 / 182

氧化皮膜 / 149

氧化钛溶胶 / 194，201

氧化钛涂层液 / 195

氧化钨（WO_3）/ 22，56

氧化物半导体 / 170

氧化锌（ZnO）/ 140，171，182

液相法 / 163

一条工务店 / 34

一氧化氮（NO）/ 78，131

乙醛 / 105

乙烯 / 71

义齿清洗剂 / 15

易水洗效果 / 189

荧光灯 / 56，80，129，214

优秀设计奖 / 35

有机合成反应 / 191

宇宙飞船 / 28，102

宇宙飞船内 / 29

宇宙开发 / 26

预防花粉症的口罩 / 24

院内感染 / 95

Z

杂质半导体 / 170

憎水性 / 185

黏合剂 / 195

黏结层 / 199，200

长野冬季奥运会 / 79

帐篷膜材 / 43，45

昭和电工 / 58

照明器具 / 79

照明学会 / 79

遮盖性能 / 164

真岛利行 / 7

真空蒸发法 / 197

正方晶系 / 176

植物的光合作用 / 116，139，147，179

中部国际机场（新特丽亚）/ 50，68

中村信雄 / 15

中田一弥 / 16，20

竹中工务店 / 4

筑波快线 / 74

紫外线 / 14，89，129，131，179，205

紫外线吸收剂 / 164

自清洁瓷砖 / 204

自清洁功能 / 30，38，54，75，132，167

自清洁效果 / 32，41，82，115，119

自溶解现象 / 181